Meng Xi Bi Tan, volume 1-26

[1031-1095 A.D.]

Gua Shen

Volume 1-6

【卷一 故事一】

上親郊郊廟，冊文皆曰「恭荐歲事」。先景靈宮，謂之「朝獻」；次太廟

，謂之「朝饗」；末乃有事于南郊。予集《郊式》時，曾預討論，常疑其

次序，若先為尊，則效不應在廟後；若後為尊，則景靈宮不應在太廟之先

。求共所從來，蓋有所因。按唐故事，凡有事地上帝，則百神皆預遣使祭

告，唯太清宮、太廟則皇帝親行。其冊祝皆曰「取某月某日有事于某所，

不敢不告。」宮、廟謂之「奏告」，余皆謂之「祭告」。唯有事于南郊，

方為「正祠」。至天寶九載，乃下詔曰：「『告』者，上告下之詞。今後

太清宮宜稱『獻獻』，太廟稱『朝饗』。」自此遂失「奏告」之名，冊文

皆為「正祠」。

正衙法座，香木為之，加金飾，四足，墮角，其前小偃，織藤冒之。每車

駕出幸，則使老內臣馬上抱之，曰「駕頭」。輦後曲蓋謂之「筤」。兩扇

夾心，通謂之「扇筤」。皆繡，亦有銷金者，即古之華蓋也。

唐翰林院在禁中，乃人主燕居之所。玉堂、承明、金鑾殿皆在其間。應供

奉之人，自學士已下，工伎群官司隸籍其間者，皆稱翰林，如今之翰林醫

官、翰林待詔之類是也。唯翰林茶酒司止稱「翰林司」，蓋相承闕文。唐

制，自宰相而下，初命皆無宣召之禮，惟學士宣召。蓋學士院在禁中，非

內臣宣召，無因得入，故院門別設復門，亦以其通禁庭也。又學士院北扉

者，為其在浴堂之南，便於應召。今學士初拜，自東華門入，至左承天門

下馬；待詔、院吏自左承天門雙引至門。此亦用唐故事也。唐宣召學士，

自東門入者，彼時學士院在西掖，故自翰林院東門赴召，非若今之東華門

也。至如挽鈴故事，亦緣其在禁中，雖學士院吏，亦止于玉堂門外，則其

嚴密可知。如今學士院在外，與諸司無異，亦設鈴索，悉皆文具故事而已

。

學士院玉堂，太宗皇帝曾親幸。至今唯學士上日許正坐，他日皆不敢獨坐

。故事：堂中設視草臺，每草制，則具衣冠據臺而坐。今不復如此，但存

空臺而已。玉堂東承旨子窗格上有火然處。太宗嘗夜幸玉堂，蘇易簡為學

士，已寢，遽起，無燭具衣冠，宮嬪自窗格引燭入照之。至今不欲更易，

以為玉堂一盛事。

東西頭供奉官，本唐從官之名。自永徽以後，人主多居大明宮，別置從官

，謂之「東頭供奉官」。西內具員不廢，則謂之「西頭供奉官」。

唐制，兩省供奉官東西對立，謂之「蛾眉班」。國初，供奉班于百官前橫

列。王溥罷相為東宮，一品班在供奉班之後，遂令供奉班依舊分立。慶歷

賈安公為中丞，以東西班對拜為非禮，復令橫行。至今初敘班分立；百官

班官，乃轉班橫行；參罷，複分立；百官班退，乃出。參用舊制也。

衣冠故事，多無著令，但相承為例。如學士舍人躡履見丞相，往還用平狀

，扣階乘馬之類，皆用故事也。近歲多用靴簡。章子厚為學士日，因事論

列，今則遂為著令矣。

中國衣冠，自北齊以來，乃全用胡服。窄袖、緋綠短衣、長靿靴、有鞢帶

，皆胡服也。窄袖利於馳射，短衣、長靿皆便於涉草。胡人樂茂草，常寢

處其間，予使北時皆見之。雖王庭亦在深荐中。予至胡庭日，新雨過，涉

草，衣褲皆濡，唯胡人都無所沾。帶衣所垂蹀躞，蓋欲佩帶弓劍、帨、算

囊、刀勵之類。自後雖去蹀躞，而猶存其環，環所以銜蹀躞，如馬之根，

即今之帶銙也。天子必以十三環為節，唐武德貞觀時猶爾。開元之後，雖

仍舊俗，而稍褒博矣。然帶鉤尚穿帶本為孔，本朝加順折，茂人文也。帕

頭一謂之四腳，乃四帶也。二帶系腦後垂之，二帶後系頭上，令曲折附頂

，故亦謂之「折上巾」。唐制，唯人主得用硬腳。晚唐方鎮擅命，始僭用

硬腳。本朝頭有進腳、局腳、交腳、朝天、順風，凡五等。唯直腳貴賤

通服之。又庶人所戴頭巾，唐人亦謂之「四腳」，蓋兩腳系腦後，兩腳系

頷下，取共服勞不脫也。無事則反系于頂上。今人不復系頷下，兩帶遂為

虛設。唐中書指揮事謂之「堂帖子」，曾見唐人堂帖，宰相簽押，格如今

之堂劄子也。

予及史館檢討時，議樞密院劄子問宣頭所起。余按唐故事，中書舍人職堂

語詔，皆寫四本：一本為底，一本為宣。此「宣」謂行出耳，未以名書也

。晚唐樞密使自禁中受旨，出付中書，即謂之「宣」。中書承受，錄之于

籍，謂之「宣底」。今史館中尚有故《宣底》二卷，如今之《聖語簿》也

。梁朝初置崇仁院，專行密命。至後唐莊宗復樞密使，使郭崇韜、安重誨

為之，始分領政事，不關由中書直行下者謂之「宣」，如中書之「敕」。

小事則發頭子，擬堂貼也。至今樞密院用宣及頭子，本朝樞密院亦用劄子

。但中書劄子，宰相押字在上，次相及參政以次向下；樞密院劄子，樞長

押字在下，副貳以次向上：以此為別。頭子唯給驛馬之類用之。

百官于中書見宰相，九卿而下，即省吏高聲唱一聲「屈」，則趨而入。宰

相揖及進茶，皆抗聲贊喝，謂之「屈揖」。待制以上見，則言「請某官」

，更不屈揖，臨退仍進湯，皆于席南横設百官之位，升朝則坐，京官已下

皆立。後殿引臣寮，則待制已上宣名拜舞；庶官但贊拜，不宣名，不舞蹈

。中書略貴者，示與之抗也。上前則略微者，殺禮也。唐制，丞郎拜官，

即籠門謝。今三司副使已上拜官，則拜舞于子階上；百官拜于階下，而不

舞蹈。此亦籠門故事也。學士院第三廳學士子，當前有一巨槐，素號「槐

廳」。舊傳居此者，多至入相。學士急槐廳，至有抵徹前人行李而強據之

者。余為學士時，目觀此事。諫議班在知制誥上；若帶待制，則在知制誥

下，從職也，戲語謂之「帶墜」。《集賢院記》：「開元故事，校書官許

稱學士」。今三館職事，皆稱「學士」，用開元故事也。

館閣新書淨本有誤書處，以雌黃涂之。嘗校改字之法：刮洗則傷紙，紙貼

之又易脫，粉涂則字不沒，涂數遍方能漫滅。唯雌黃一漫則滅，仍久而不

脫。古人謂之鉛黃，蓋用之有素矣。

余為鄜延經略使日，新一廳，謂之五詞廳。延州正廳乃都督廳，治延州事

；五司廳治鄜延路軍事，如唐之使院也。五司者，經略、安撫、總管、節

度、觀察也。唐制、方鎮綿帶節度、觀察、處置三使。今節度之職，多歸

總管司；觀察歸安撫司；處置歸經略司。其節度、觀察兩案，並支掌推官

、判官，今皆治州事而已。經略、安撫司不置佐官，以帥權不可更不專也

。都總管、副總管、鈐轄、都監同答書，而皆受經略使節制。銀臺司兼門

下封駁，乃給事中之職，當隸門下省，故事乃隸樞密院。下寺監皆行劄子

；寺監具申狀，雖三司，亦言「上銀臺」。主判不以官品，初冬獨賜翠毛

錦袍。學士以上，自從本品。行案用區密院雜司人吏，主判食樞密廚，蓋

樞密院子司也。大駕鹵簿中有甚箭，如古之勘契也。其牡謂之「雄牡箭」

，牝謂之「闢仗箭」。本胡法也。熙寧中罷之。

前世藏書，分隸數處，蓋防水火散亡也。今三館、秘閣，凡四處藏書，然

同在崇文院。其間官書，多為人盜竊，士大夫家往往得之。嘉祐中，置編

校官八員，雜讎四館書。給吏百人，悉以黃紙為大冊寫之。自此私家不敢

輒藏。校讎累年，僅能終昭文一館這書而罷。舊翰林學士地熱清切，皆不

兼他務。文館職任，自校理以上，皆有職錢，唯內外制不給。楊大年久為

學士，家貧，請外，表詞千余言，其間兩聯曰：「虛忝甘泉之從臣，終作

莫敖之餒鬼。」「從者之病莫興，方朔之飢欲死。」京師百官上日，唯翰

林學士敕設用樂，他雖宰相，亦無此禮。優伶並開封府點集。陳和叔除學

士時，和叔知開封府，遂不用女優。學士院敕設肖和女優，自和叔始。

禮部貢院試進士日，設香案于階前，主詞與舉人對拜，此唐故事也。所坐

設位供張甚盛，有司具茶湯飲漿。至試學究，則悉徹帳幕氈席之類，亦無

茶湯，渴則飲硯水，人人皆黔基吻。非故欲困之，乃防氈幕及供應人私傳

所試經義。蓋嘗有敗者，故事為之防。歐文忠有詩：「焚香禮進士，徹幕

待經生。」以為禮數重輕如此，其實自有謂也。

嘉祐中，進士奏名訖，未御試，京師妄傳「王俊民為狀元」，不知言之所

起，人亦莫知俊民為何人。甩御試，王荊公時為知制誥，與天章閣待制楊

樂道二人為詳定官。舊制，御試舉人，設初考官，先定等第；復彌之以送

覆考官，再定等第；乃付詳定官，發初考官所定等，以對覆考之等：如同

即已；不同，則詳其程文，當從初考或從覆考為定，即不得別立等。是時

，王荊公以初、覆考所定第一人皆未允當，于行間別取一人為狀首。楊樂

道守法，以為不可。議論未決，太常少卿朱從道時為封彌官，聞之，謂同

舍曰：』二公何用力爭，從道十日前已聞王俊民為狀元，事必前定。二公

恨自苦耳。」既而二人各以已意進稟，而詔從荊公之請。及發封，乃王俊

民也。詳定官得別立等，自此始，遂為定制。

選人不得乘馬入宮門。天聖中，選人為館職，始歐陽永叔、黃鑒輩，皆自

左掖門下馬入館，當時謂之「肯行學士」。嘉祐中，于崇文院置編校局，

校官皆許乘馬至院門。其後中書五房置習學公事官，亦緣例乘馬赴局。

車駕行境，前驅謂之隊，則古之清道也。其次衛仗，衛仗者，視闌入宮門

法，則古之外仗也。其中謂之禁圍，如殿中仗。《天官》：「掌舍，無宮

，則供人門。」今謂之「殿門天武官」，極天下長人之選八人。上御前殿

，則執鉞立於紫宸門下；行幸則為禁圍門，行于仗馬之前。又有衡門十人

，隊長一人，選諸武力絕倫者為之。御御後殿，則執楇東西對立於殿前，

亦古之虎賁、人門之類也。

余嘗購得後唐閔帝應順元年案檢一通，乃除宰相劉昫兼判三絲堂檢。前有

擬狀雲：「具官劉昫。右，伏以劉昫經國才高，正君志切，方屬體元之運

，實資謀始之規。宜注宸衷，委司判計，漸期富庶，永贊聖明。臣等商量

，望授依前中書侍郎，兼吏部尚書、同中書門下平章事，充集賢殿大學士

，兼判三司，散官勛封如故。未審可否？如蒙允許，望付翰，林降制處份

，謹錄奏聞。」其後有制書曰：「宰臣劉昫，右，可兼判三司公事，宜令

中書門下依此施行。付中收門下，准此。四月十日。」用御前新鑄之印。

與今政府行遣稍異。

本朝要事對稟，常事擬進入，畫可然後施行，謂之「熟狀」。事速不及待

報，則先行下，具制草奏和，謂之「進草」。熟狀白紙書，宰相押字，他

執政具姓名。進草即黃紙書，宰臣、執政皆于狀背押字。堂檢，宰、執皆

不押，唯宰屬於檢揹書日，堂吏書名用印。此擬狀有詞，宰相押檢不印，

此其為異也。大率唐人風俗，自朝廷下至郡縣，決事皆有詞，謂之判，則

收判科是也。押檢二人，乃馮道、李愚也。狀檢瀛王親筆，甚有改竄勾抹

處。按《舊五代史》：「應順元年四月九日已卯，鄂王薨。庚辰，以宰相

劉昫判三司。」正是十日，與此檢無差。宋次道記《開元宰相奏請》、鄭

畋《鳳池稿草》、《擬狀注制集》悉多用四六，皆宰相自草。今此擬狀，

馮道親筆，蓋故事也。舊制，中書、樞密院、三司使印並涂金。近制，三

省、樞密院印用銀為之，涂金；余皆鑄銅而已。

【卷二 故事二】

三司使班在翰林學士之上。舊制，權使即與正同，故三司使結銜皆在官職

之上。慶歷中，葉道卿為權三司使，執政有欲抑道卿者，降敕時移權三司

使在職下結銜，遂立翰林學士之下，至今為例。後嘗有人論列，結銜雖依

舊，而權三司使初除，門取旨，間有余學士者，然不為定制。

宗子授南班官，世傳王文正太尉為宰相日，始開此議，不然也。故事，宗

子無遷官法，唯遇稀曠大慶，則普遷一官。景祐中，初定祖宗並配南郊，

宗室欲緣大禮乞推恩，使諸王宮教授刁約草表上聞。後約見丞相王沂公，

公問：「前日宗室乞遷官表，何人所為？」約未測其意，答以不知。歸而

思之，恐事窮且得罪，乃再詣相府。沂公問之如前，約愈恐，不復敢隱，

遂以實對。公曰：「無他，但愛共文詞耳。」再三嘉獎。徐曰：「已得旨

，別有措置。更數日，當有指揮。」自此遂有南班之授，近屬自初除小將

軍，凡心遷則為節度使，遂為定制。諸宗子以千縑謝約，約辭不敢受。余

與刁親舊，刁嘗出表稿以示余。大理法官，皆親節案，不得使吏人。中書

檢正官不置吏人，每房給楷書一人錄淨而已。蓋欲士人躬親職事，格吏奸

，兼歷試人才也。太宗命創方團球帶，賜二府文臣。共後樞密使兼侍中張

耆、王貽永皆特賜；李用和、曹郡王皆以元舅賜；近歲宣微使王君貺以耆

舊特賜。皆出異數，非例也。近歲京師士人朝服乘馬，以黲衣蒙之，謂之

「涼衫」，亦古之遺法也。《儀禮》「朝服加景」是也。但不知古人制度

章色如何耳。

內外制凡草制除官，自給諫、待制以上，皆有潤筆物。太宗時，立潤筆錢

數，降詔刻石于舍人院。每除官，則移文督之。在院官下至吏人院騶，皆

分沾。元豐中，改立官制，內外制皆有添給，罷潤筆之物。

唐制，官序未至而以他官權攝者，為直官，如許敬宗為直記室是也。國朝

學士、舍人皆置直院。熙寧中，復置直舍人、學士院，但以資淺者為之，

其實正官也。熙寧六年，舍人皆遷罷，閣下無人，乃以章了平權知制誥，

而不除直院者，以其暫攝也。古之兼官，多是暫時攝領；有長兼者，即同

正官。余家藏《海陵王墓誌》謝朓文，稱「兼中書侍郎。」

三司、開封府、外州長官升廳事，則有衙吏前導告喝。國朝之制，在禁中

唯三官得告：宰相告于中書，翰林學士告于本院，御史告于朝堂。皆用朱

衣吏，謂之「三告官」。所經過處，閽吏以梃扣地警眾，謂之』打仗子」

。兩府、親王，自殿門打至本司及上馬處。宣徽使打于本院；三司使、知

開封府打于本司。近歲寺監長官亦打。非故事。前宰相赴朝，亦有特旨，

許張蓋、打仗子者，系臨時指揮。執絲梢鞭入內，自三司副使以上；副使

唯乘紫絲暖座從入。隊長持破木梃，自待制以上。近歲寺監長官持藤仗，

非故事也。百官儀范，著令之外，諸家所記，尚有遺者。雖至猥細，亦一

時儀物也。國朝未改官制以前，異姓未有兼中書令者，唯贈官方有之。元

豐中，曹郡王以元舅特除兼中書令，下度支給俸。有司言：「自來未有活

中書令請受則例。」

都堂及寺觀百官會集坐次，多出臨時。唐以前故事，皆不可考，唯顏真卿

與左仆射定襄君子王郭英又書雲：「宰相、御史大夫、兩省五品、供奉官

自為一行，十二衛大將軍次之，三師、三公、令仆、少師、保傅、尚書左

右丞、侍郎自為一行，九卿、三監對之。從古以來，未堂駿錯。」此亦略

見當時故事，今錄于此，以備闕文。賜「功臣」號，始于唐德宗奉天之役

。自後藩鎮，下至從軍資深者，例賜「功世」。本翰唯以賜將相。熙寧中

，因上皇帝尊號，宰相率同列面請三四，上終不允，曰：「徽號正如卿等

『功臣』，何補名實？」是時吳正憲為首相，乃請止「功臣」號，從之。

自是群臣相繼請罷，遂不復賜。

【卷三 辨證一】

鈞石之石，五權之名，石重百二十斤。后人以一斛為一石，自漢已如此，

「飲酒一石不亂」是也。挽蹶弓弩，古人以鈞石率之。今人乃以粳米一斛

之重為一石。凡石者，以九十斤半為法，乃漢秤四百四十一斤也。今之武

卒蹶弩，有及九石者，計其力乃古之二十五石，比魏之武卒，人當二人有

余；弓有挽三石者，乃古之三十四鈞，比顏高之弓，人當五人有余。此皆

近歲教養所成。以至擊刺馳射，皆盡夷夏之術；器仗鎧冑，極今古之工巧

。武備之盛，前世未有其比。《楚詞、招魂》尾句皆曰「些」，蘇個反。

今夔、峽、湖、汀及南、北江獠人，凡禁咒句尾皆稱「些」。此乃楚人舊

俗，即梵語「薩最訶」也。薩音桑葛反，最無可反，訶從去聲。三字合言

之，即「些」字也。

陽燧照物皆倒，中間有礙故也。算家謂之』格術」。如人搖櫓，臬為之礙

故也。若鳶飛空中，其影隨鳶而移，或中間為窗隙所束，則影與鳶遂相違

，鳶東則影西，鳶西則影東。又如窗隙中樓塔之影，中間為窗所束，亦皆

倒垂，與陽燧一也。陽燧面窪，以一指迫而照之則正；漸遠則無所見；過

此遂倒。其無所見處，正如窗隙、櫓臬、腰鼓礙之，本末相格，遂成搖櫓

之勢。故舉手則影愈下，下手則影愈上，此其可見。陽燧面窪，向日照之

，光皆聚向內。離鏡一、二寸，光聚為一點，大如麻菽，著物則火發，此

則腰鼓最細處也。豈特物為然，人亦如是，中間不為特礙者鮮矣。小則利

害相易，是非相反；大則以已為物，以物為已。不求去礙，而欲見不真倒

，難矣哉！《酉陽雜俎》謂「海翻則塔影倒」，此妄說也。影用戶窗隙則

倒，乃其常理。先儒以日食正陽之月止謂四月，不然也。正、陽乃兩事，

正謂四月，陽謂十月。日月陽止是也。《詩》有「正月繁霜」；「十月之

交，朔月辛卯。日有食之，亦孔之志願」二者，此先王所惡也。蓋四月鈍

陽，不欲為陰所侵；十月純陰，不欲過而干陽也。

余為《喪服後傳》，書成，熙寧中欲重定五服敕，而余預討論。雷、鄭之

前，闕謬固多，其間高祖遠孫一事，萬為無義。《喪服》但有曾祖齊衰六

月，遠曾緦麻三月，而元高祖遠孫服。先儒皆以謂「服同曾祖曾孫，故不

言可推而知」，或曰「經之所不言而不服」，皆不然也。曾，重也。由祖

而上者，皆曾祖也；由孫而下者，皆曾孫也：雖百世可也。苟有相逮者，

則必為服喪三月。故雖成王之于後稷，亦稱曾孫。而祭禮祝文，無遠近皆

曰曾孫。《禮》所謂「以五為九」者，謂傍親之殺也。上殺、下殺至於九

，傍殺至於四，而皆謂之族。族昆弟父母、族祖父母、族曾祖父母。過此

則非其族也。
非其族，則為之無服。唯正統不以族名，則是無絕道也。

舊傳黃陵二女，堯子舜妃。以二帝化道之盛，始于閨房，則二女當具任、

姒之德。考其年歲，帝舜陟之時，二妃之齒已百歲矣。后人詩騷所賦，皆

以女子待之，語多瀆慢，皆禮義之罪人也。歷代官室中有謻門，蓋取張衡

《東京賦》「誃門曲榭」也。說者謂「冰室門」。按《字訓》：「誃，別

也。」《東京賦》但言別門耳，故以對曲榭，非有定處也。

水以漳名、洛名者最多，今略舉數處：趙、晉之間有清漳、濁漳，當陽有

漳水，灨上有漳水，鄣郡有漳江，漳州有漳浦，亳州有漳水，安州有漳水

。洛中有洛水，北地郡有洛水，沙縣有洛水。此概舉一二耳，其詳不能具

載。余考其義，乃清濁相蹂者為漳。章者，文也，別也。漳謂兩物相合，

有文章，且可別也。清漳、濁漳，合于上黨。當陽即沮、漳合流，贛上即

漳、灨合流，漳州傳遞未曾目見，鄣郡即西江合流，亳、漳則漳、渦合流

，雲夢則漳、鄖合流。此數處皆清濁合流，色理如螮蝀，數十里方混。如

璋亦從章，璋，王之左右之臣所執，《詩》雲：「濟濟避王，左右趣之。

濟濟闢王，左右奉璋。」璋，圭之半體也。合之則成圭。王左右之臣，合

體一心，趣乎王者也。又諸侯以聘女，取其判合也。有事于山川，以其殺

宗廟禮之半也。又牙璋以起軍旅，先儒謂「有鉏牙之飾于剡側」，不然也

。牙璋，判合之器也，當于合處為牙，如今之合契。牙璋，牡契也，以起

軍旅，則其牝宜在軍中，即虎符之法也。洛與落同義，謂水自上而而，有

投流處。今淝水、沱水，天下亦多，先儒皆自有解。

解州鹽澤，方百二十里。久雨，四山之水悉注其中，未堂溢；大旱未嘗涸

。鹵色正赤，在版泉之下，俚俗謂之「蚩尤血」。唯中間有一泉，乃是甘

泉，得此水然後可以聚人。其北有葬稍音消水，一謂之巫咸河。大鹵之水

，不得甘泉和之，不能成鹽。唯巫鹹水入，則鹽不復結，故人謂之「無咸

河」，為鹽澤之患，筑大堤以防之，甚于備寇盜。原其理，蓋巫咸乃濁水

，入鹵中，則淤淀鹵脈，鹽遂不成，非有他異也。

《莊子》雲：「程生馬。」嘗觀《文字注》：「秦人謂豹曰程。」余至延

州，人至今謂虎豹為「程」，蓋言「蟲」也。方言如此，抑亦舊俗也。

《唐六典》述五行，有祿命、驛馬、湴河之目。人多不曉湴河之義。余在

鄜延，見安南行營諸將閱兵馬藉，有稱「過范河損失」。問其何謂「范何

」？乃越人謂淖沙為「范河」，北人謂之「活沙」。余嘗過無定河，度活

沙，人馬履之，百步之外皆動，澒澒然如人行幕上。其下足處雖甚堅，若

遇其一陷，則人馬駝車，應時皆沒，至有數百人平陷無孑遺者。或謂：此

即流沙也。又謂：沙隨風流，謂之流沙。湴，字書亦作「泥」。蒲濫反。

按古文，泥，深泥也。本書有湴河者，蓋謂陷運，如今之「空亡」也。

古人藏書闢蠹用芸。芸，香草也，今人謂之七里香者是也。葉類豌豆，作

小叢生，其葉權芬香，秋間葉間微白如粉污，闢蠹殊驗。南人採置席下，

能去蚤虱。余判昭文館時，曾得數株于潞公家，移植秘閣後，今不復有存

者。香草之類，大率多異名，所謂蘭蓀，蓀，即今菖蒲是也；蕙，今零陵

香是也；茝，今白芷是也。祭禮有腥、燖、熟三獻。舊說以謂腥、燖備太

古、中古之禮，余以為不然。先王之于死者，以為之無知則不仁，以之為

有知則不智。荐可食之熟，所以為仁；不可食之腥、燖，所以為智。又一

說，腥、燖以鬼道接之，饋食以人道接之，致疑也。或謂鬼神嗜腥、燖，

此雖出於異說，聖人知鬼神之情狀，或有此理，未可致詰。

世以玄為淺黑色，璊有赭玉，皆不然也。玄乃赤黑色，燕羽是也，故謂之

玄鳥。熙寧中，京師貴人戚裡，多衣深紫色。謂之黑紫，與皂相亂，幾不

可分，乃所謂玄也。璊。赭色也。「毳衣如璊」；音門。稷之璊色者謂之

穈。穈字音門，以其色命之也。《詩》：「有穈有芑。」今秦人音穈，聲

之訛也。穈色在朱黃之間，似乎赭，極光瑩，掬之，澤熠熠如赤珠。此自

是一色，似赭非赭。蓋所謂璊，色名也，而從玉，以其赭而澤，故以諭之

也。猶鳻以色名而從鳥，以鳥色諭之也。世間鍛鐵所謂鋼鐵者，用柔鐵屈

盤之，乃以生鐵陷共間，泥封煉之，鍛令相入，謂之「團鋼」，亦謂之「

灌鋼」。此乃偽鋼耳，暫假生鐵以為堅，二三煉則生鐵自熟，仍是柔欠。

然而天下莫以為非者，蓋未識真鋼耳。余出使，至磁州段坊，觀煉鐵，方

識真鋼。凡鐵之有鋼者，如面中有筋，濯盡柔面，則麵筋乃見。煉鋼亦然

，但取精欠，鍛之百余火，每鍛稱之，一鍛一輕，至累鍛而斤兩不減，則

純鋼也，雖百煉不矣。此乃鐵之精純者，其色清明，磨瑩之，則黯黯然青

且黑，與常勿迴異。亦有煉之至盡而全無鋼者，皆系地之所產。《詩》：

「芄蘭之支，童子佩觿。」觿，解結錐也。芄蘭生莢支，出於中間，垂之

正如解結錐。所謂「佩觿」者，疑古人之韘之制，亦當與芄蘭之葉相似，

但今不復見耳。江南不小栗，謂之「茅栗」。茅音草茅之茅。以余觀之，

此正所謂芧也。則《莊子》所謂「狙公賦芧」者，芧音序。此文相近之誤

也。

余家有閻博陵畫唐秦府十八學士，各有真贊，亦唐人書，多與舊史不同：

姚柬字思廉，舊史乃姚思廉字簡之。蘇臺、陸元朗、薛莊，《唐書》皆以

字為名。李玄道、蓋文達、于志寧、許敬宗、劉教孫、蔡允恭，《唐書》

皆不書字。房玄齡字喬年，《唐書》乃房喬字玄齡。孔穎達字穎達，《唐

書》字仲達。蘇典簽名旭，《唐書》乃勖。許敬宗、薛莊官皆直記室，《

唐書》乃攝記室。蓋《唐書》成于后人之手，所傳容有訛謬；此乃當時所

記也。以舊史考之，魏鄭公對太宗雲：「目如懸鈴者佳。」則玄齡果名，

非字也。然蘇世長，太宗召對玄武門，問雲：「卿何名長意短？」後乃為

學士，似為學士時，方更名耳。唐貞觀中，敕下度支求杜若，省郎以謝朓

詩雲：「蘇洲採杜若。」乃責坊州貢之。當時以為嗤笑。至如唐故事，中

書省中植紫薇花，何異坊州貢杜若，然歷世循之，不以為非。至今舍人院

紫微閣前植紫薇花，用唐故事也。漢人有飲酒一石不亂。余以制酒法較之

，每粗米二斛釀成酒六斛六斗。今酒之至醨者，每秫一斛，不過成酒一斛

五斗，若如漢法，則粗有酒氣而已。能飲者飲多不亂，宜無足怪。然漢之

一斛，亦是今之二斗七升。人之腹中，亦何容置二斗七昇水邪？或謂：「

石乃鈞石之石，百二十斤。」以今秤計之，當三十二斤，亦今之三斗酒也

。于定國食酒數石不亂，疑無此理。

古說濟水伏流地中。今歷下凡發地地皆是流水，世傳濟水經過其下。東阿

亦濟水所經，取井水煮膠，謂之「阿膠」；用攪濁水則清。人服之，下膈

、疏痰、止吐，皆取濟水性趨下清而重，故以治淤濁及逆上之疾。今醫方

不載此意。

余見人為文章多言「前榮」，榮者，夏屋東西序之外屋翼也，謂之東榮、

西榮。四注屋則謂之東榮、西榮。未知前榮安在？宗廟之祭西嚮者，室中

之祭也。藏主于西壁，以其生者之處奧也。即主祏而求之，所以西向而祭

。至三獻則尸出於室，坐于戶西南面，此堂上之祭也。戶西謂扆，設扆于

此。左戶、右牖，戶、牖之間謂之扆。坐于戶西，即當扆而坐也。上堂設

位而亦東嚮者，設用室中之禮也。「人而不為《周南》、《召南》，其猶

正牆面而立也。」《周南》、《召南》樂名也。「胥鼓《南》」；「以《

雅》以《南》」是也。《關雎》、《鵲巢》，二《南》之詩，而已有舞焉

。學者之事，其始也學《周南》、《召南》，末地舞《大夏》、《大武》

。所謂為《周南》、《召南》者，不獨誦其詩而已。《莊子》言：「野馬

也，塵埃也。」乃是兩物。古人即謂野馬為塵埃，如吳融雲：「動樑間之

野馬。」又韓偓雲：「窗裡日光飛野馬。」皆以塵為野馬，恐不然也。野

馬乃田野間浮氣耳，遠望如群馬，又如水波，佛書謂「如熱時野馬陽焰」

，即此物也。蒲蘆，說者以為蜾蠃，疑不然。蒲蘆，即蒲、葦耳。故曰：

「人道每政，地道敏藝」。夫政猶蒲蘆也，人之為政，猶地之藝蒲葦，遂

之而已，亦行其所無事也。

余考樂律，及受詔改鑄渾儀，求秦漢以前度量斗升：計六斗當今一斗七升

九合；秤三斤當今十三兩；一斤當今四兩三分兩之一，一兩當今六銖半。

為升中方；古尺二寸五分十分分之三，今尺一寸八分百分分之四十五強。

十神太一：一曰太，次曰五福太一，三曰天一太一，四曰地太一，五曰君

基太一，六曰臣基太一，七曰民基太一，八曰大游太一，九曰九氣太一，

十曰十神太一。唯太一最尊，更無別名，止謂之太一。三年一移。后人以

其別無名，遂對大游而謂之小游太一，此出於后人誤加之。京師東西太一

宮，正殿祠五福，而太一乃在廊廡，甚為失序。熙寧中，初營中太一宮，

下太史考定神位。余時領太史，預其議論。今前殿祠五福，而太一別為後

殿，各全其尊，深為得禮。然君基、臣基、民基，避唐時帝諱改為「棋」

，至今仍襲舊名，未曾改正。

余嘉祐中客宣州寧國縣，縣人有方璵者，其高祖方虔，為楊行密守將，總

兵戌寧國，以備兩浙。虔後為吳人所擒，其子從訓代守寧國，故子孫至今

為寧國人。有楊溥與方虔、方從訓手教數十紙，紙扎皆精善。教稱委曲書

，押處稱「使」，或稱「吳王」。內一紙報方虔雲：「錢鏐此月內已亡歿

」。紙尾書「正月二十九日。」按《五代史》，錢鏐以後唐長興二年卒，

楊溥天成四年已僭即偽位，豈得長興二年尚稱「吳王」？溥手教所指揮事

甚詳，翰墨印記，極有次序，悉是當時親跡。今按，天成四年歲庚寅，長

興三年歲壬辰，計差二年。溥手教，余得其四紙，至今家藏。

【卷四 辨證二】

司馬相如《上林賦》余上林諸水曰：丹水，紫淵，灞、滻、涇、謂，「八

川分流，相背而異態」，「灝溔潢漾……東往太湖。」八川自入大河，大

河去太湖數千里，中間隔太山及淮、濟、大江，何緣與太湖相涉？郭璞《

江賦》雲：「註五湖以漫漭，灌三江而漰沛。」《墨子》曰：「禹治天下

，南為江、漢、淮、汝，東流注之五湖。」孔字國曰：「自彭蠡，江分為

三，入二震澤後，為北江而入于海。」此皆未嘗詳考地理。江、漢至五湖

自隔山，其末乃繞出五湖之下流徑入于海，何緣入于五湖？淮、汝自徐州

入海，全無交涉。《禹貢》雲：「彭蠡既豬，陽鳥攸居。三江既入，震澤

底定。」以對文言，則彭蠡既豬，三江水之所入，非入于震澤也。震澤上

源，皆山環之，了無大川；震澤之委，乃多大川，亦莫知孰為三江者。蓋

三江之水無所入，則震澤壅而為害；三江之水有所入，然後震澤底定。此

水之理也。

海州東海縣西北有二古墓，《圖志》謂之「黃兒墓」。有一石碑，已漫滅

不可讀，莫知黃兒者何人。石延年通判海州，因行縣見之，曰：「漢二疏

，東海人，此必其墓也。」遂謂之「二疏墓」，刻碑于其傍；后人又收入

《圖經》。余按，疏廣，東海蘭陵人，蘭陵今屬沂州承縣；今東海縣乃漢

之贛榆，自屬瑯琊郡，非古人之東海也。今承縣東四十里自有疏廣墓，其

東又二里有疏受墓。延年不講地誌，但見今謂之東海縣，遂以「二疏」名

之，極為乘誤。大凡地名如此者至多，無足紀者。此乃余初仕為沭陽主簿

日，始見《圖經》中增經事，後世不知其因，往往以為實錄。謾志于此，

以見天下地書皆不可堅信。其北又有「孝女塚」，廟貌甚盛，著在祀典。

孝女亦東海人。贛榆既非東海故境，則教女塚廟，亦后人附會縣名為之耳

。

《楊文公談苑》記江南後主患清暑閣前草生，徐鍇令以桂屑布磚縫中，宿

草盡死。謂《呂氏春秋》雲「桂枝之下無雜木。」蓋桂枝葉螫故也。然桂

之殺草之，自是甚性，不為辛螫也。《雷公炮炙論》雲：「以桂為丁，以

釘木中，其木即死。」一丁至微，未必能螫大木，自其性相制耳。

天下地名錯亂乖謬，率難考信。如楚章華臺，亳州城父縣、陳州敞水縣、

荊州江陵、長林、監利縣皆有之。乾溪亦有數處。據《左傳》，楚靈王七

年，「成章華之臺，與諸侯落之。」杜預注：「章華臺，在華城中。」華

容即今之監利縣，非岳州之華容也。至今有章華故臺，在縣郭中，與杜預

之說相符。亳州城父縣有乾溪，其側亦有章華臺，故臺基下往往得人骨，

雲楚靈王戰死于此。앞呂縣章華之側，亦有乾溪。薛綜注張衡《東京賦》

引《左氏傳》乃雲：「楚子成章華之臺于乾溪。」皆誤說也，《左傳》實

無此文。章華與乾溪，無非一處。

楚靈王十二年，王狩于州來，使蕩侯、潘子、司馬督、囂尹午、陵尹喜帥

師圍徐以懼吳，王次于乾溪。此則城父之乾溪。靈王八年許遷于夷者，乃

此地。十三年，公子比為亂，使觀從從師于乾溪，王從潰，靈王亡，不知

所在；平王即位，殺囚，衣之王服，而流諸漢，乃取葬之，以靖國人，而

赴以乾溪。靈王實縊于芋尹申亥氏，他年申以王柩告，乃改葬之，而非死

于乾溪也。昭王二十七年，吳伐陳，王帥師救陳，次于城父；將戰，王卒

于城父。而《春秋》又雲：「弒其君于乾溪。」則後世謂靈王實死於是，

理不足怪也。

今人守郡謂之「建麾」，蓋用顏延年詩：「一麾乃出守。」此誤也。延年

謂「一麾」者，乃指麾之麾，如武王「右秉白旄以麾」之麾，非旌麾之麾

也。延年《阮始平》詩雲「屢荐不入官，一麾乃出守」者，謂山濤荐咸為

吏部郎，三上武帝，不用，後為荀勖一擠，遂出始平，故有此句。延年被

擯，以此自托耳。自杜牧為《登樂游原》詩雲：「擬把一麾江海去，樂游

原上望昭陵。」始謬用一麾，自此遂為故事。除拜官職，謂除共舊籍，不

然也。除，猶易也，以新易舊曰除，如新舊歲之交謂之「歲除」，《易》

：「除戒不虞。」以新易弊，所以備不虞也。除謂之除者，自下而上，亦

更易之義。世人畫韓退之，小面而美髯，著紗帽。此乃江南韓熙載耳，尚

有當時所畫，題志甚明。熙載謚文靖，江南人謂之韓文公，因此遂謬以為

退之。退之馳而寡髯。元豐中，以退之從享文宣王廟，郡縣所畫，皆是熙

載。後世不復可辨，退之遂為熙載矣。今之數錢，百錢謂之陌者，借陌字

用之，其實只是百字，如什與伍耳。唐自皇甫鎛為墊錢法，至昭宗末，乃

定八十為陌。漢隱帝時，三司使王章每出官錢，又減三錢，以七十七為陌

，輸官仍用八十。至今輸官錢用有用八十陌者。《唐書》：「開元錢重二

銖四參。」今蜀郡亦以十參為一銖。參吾古之絫字，恐相傳之誤耳。前史

稱嚴武為劍南交節度使，放肆不法，李白為之作《蜀道難》。按孟棨所記

，白初至京師，賀知章聞其名，首詣之，白出《蜀道難》，讀未畢，稱嘆

數四。時乃天寶初也，此時白尼作《蜀道難》。嚴武為劍南，乃在至德以

後肅宗時，年代甚遠。蓋小說所記，各得于一時見聞，本末不相知，率多

舛誤，皆此文之類。李白集中稱「刺章仇兼瓊」，與《唐書》所載不同，

此《唐書》誤也。舊《尚書•禹貢》雲：「雲夢士作義。」太宗皇帝時，

得古本《尚書》，作「雲土夢作義」，詔改《禹改》從古本。余按，孔安

國注：「雲夢之澤在江南。不然也。據《左傳》：「吳人入郢，楚子涉睢

濟江，入于雲中。王寢，盜攻之，以戈擊王，王奔鄖。」楚子自郢西走涉

睢，則當出於江南；其後涉江入于雲中，遂左鄖，鄖則今之安州。涉江而

後至雲，入雲然後至咄，則雲在江北也。《左傳》曰：「鄭伯如楚，王以

田江南之夢。」杜預注雲：「楚之雲、夢，跨江南、北。」曰「江南之夢」，則雲在江北明矣。無豐中，余自隨州道發陸，于入漢口，有景陵主簿郭思者，能言漢、沔間地理，亦以謂江南為夢，江北為雲。余以《左傳》驗之，思之說信然。江南則今之公安、右首、建寧等縣，江北則玉沙、監利、景陵等縣，乃水之所委，其地最下。江南二浙，水出稍高，雲方土而夢已作又矣。此古本之為允也。

【卷五 樂律一】

《周禮》：「凡樂，圜鐘為宮，黃鐘為角，太蔟為徵，姑洗為羽。若樂六變，則天神皆降，可得而禮矣。函鐘為宮，太蔟為角，姑洗為徵，南呂為羽。若樂八變，即地祇紼出，可得而禮矣。黃鐘為宮，大呂為角，太蔟為徵，應鐘為羽。若樂九變，則人鬼可得而禮矣。」凡聲之高下，列為五等，以宮、商、角、徵、羽名之。為之主者曰宮，次二曰商，次三曰角，次四曰徵，次五曰羽，此謂之序。名可易，序不可易。圜鐘為宮，則黃鐘乃

第五羽聲也，今則謂之角，雖謂之角，名則易矣，其實第五之聲，安能變

哉？強謂之角而已。先王為樂之意，蓋不如是也。世之樂異乎郊廟之樂者

，如圜鐘為宮，則林鐘角聲也。樂有用林鐘者，則變而用黃鐘，此祀天神

之音云耳，非謂能易羽以為角也。函鐘為宮，則太蔟徵聲也。樂有用太蔟

者，則變而用姑洗，此求地祇之音云耳，非謂能易羽以為徵也。黃鐘為宮

，則南呂羽聲也。樂有用南呂者，則變而用應鐘，此求人鬼之音云耳，非

謂能變均外音聲以為羽也。應鐘、黃鐘，宮之變徵。文、武之出，不用二

變聲，所以在均外。鬼神之情，當以類求之。朱弦越席，太羹明酒，所以

交于冥莫者，異乎養道，此所以變其律也。聲之不用商，先儒以謂惡殺聲

也。黃鐘之太蔟，函鐘之南呂，皆商也，是殺聲未嘗不用也，所以不用商

者，商，中聲也。宮生徵、徵生商，商生羽，羽生角。故商為中聲。降興

上下之神，虛其中聲人聲也。遺乎人聲，所以致一于鬼神也。宗廟之樂，

宮為之先，其次角，又次徵，又次羽。宮、角、徵、羽相次者，人樂之敘

也，故以之求人鬼。世樂之敘宮、商、角、徵、羽，此但無商耳，其余悉

用，此人樂之敘也。何以知宮為先、其次角、又次徵、又次羽？以律呂次

敘知之也。黃鐘最長，大呂次長，太蔟又次，應鐘最短，此其敘也。圜丘

方澤之樂，皆以角為先，其次徵，又次宮，又次羽。始于角木，木生火，

火生土，土生水。越金。不用商也。木、火、土、水相次者，天地之敘，

故以之禮天地，五行之行：木生火，火生土，土生金，金生水。此但不用

金耳，其余悉用。此敘，天地之敘也。何以知其角為先、其次徵、又次宮

、又次羽？以律呂次敘之也。黃鐘最長，太蔟次長，圜鐘又次，姑洗又次

，函鐘又次，南呂最短，此其敘也。此四音之敘也。天之氣始于子，故先

以黃鐘；天之功畢于三月，故張望之以媯洗。地之功見于正月，故先之以

太蔟；畢于八月，故終之以南呂。幽陰之氣，鐘于北方，人之所終歸，鬼

之所藏也，故先之以黃鐘，終之以應鐘。此三樂之始終也。角者，物生之

始也。徵者，物之成。羽者，物之終。天之氣始于十一月，至於正月，萬

物萌動，地功見處，則天功之成也，故地以太蔟為角，天以太蔟為徵。三

月萬物悉達，天功畢處，則地功之成也，故天以姑洗為羽，地以姑洗為徵

。八月生物盡成，地之功終焉，故南呂以為羽。圓丘樂雖以圜鐘為宮，而

曰「乃奏黃鐘，以祀天神」；方澤樂雖以函鐘為宮，而曰「乃奏太蔟，以

祭地祇」。蓋圓丘之樂，始于黃鐘；方澤之樂，始于太蔟也。天地之樂，

止是世樂黃鐘一均耳。以此黃鐘一均，分為天地二樂。黃鐘之均。黃鐘為

宮，太蔟為商，姑洗為角。林鐘為方澤樂而已。唯圜鐘一律，不在均內。

天功畢于三月，則宮聲自合在徵之後、羽之前，正當用夾鐘也。二樂何以

專用黃鐘一均？蓋黃鐘正均也，樂之全體，非十一均之類也。故《漢志》

：「自黃鐘為宮，則皆以正聲應，無有忽微。他律雖當其月為宮，則和應

之律有空積忽微，不得其正。其均起十一月，終于八月，統一歲之事也。

他均則各主一月而已。古樂有下徵調，沈休文《宋書》曰：「下徵調法：

林鐘為宮，南呂為商。林鐘本正聲黃鐘之徵變，謂之下徵調。」馬融《長

笛賦》曰：「反商下徵，每各異善。」謂南呂本黃鐘之羽，變為下徵之商，皆以黃鐘為主而已。此天地相與之敘也。人鬼始于正北，成于東北，終于西北，萃于幽陰之地也。始于十一月，而成于正月者，幽陰之魄，稍出於東方也。全處幽陰，則不與人接；稍出於東方，故人鬼可得而禮也；終則復歸于幽陰，復其常也。唯羽聲獨遠于他均者。世樂始于十一月，終于八月者，天地歲事之一終也。鬼道無窮，非若歲事之有卒，故盡十二律然後終，事先追遠之道，厚之至也，此廟樂之始終也。人鬼盡十二律為義，則始于黃鐘，終于應鐘，以宮、商、角、徵、羽為敘，則始于宮聲，自當以黃鐘為宮也。天神始于黃鐘，始于姑洗，以木、火、土、金、水為敘，則宮聲當在太徵之後，姑洗羽之前，則自當以圜鐘為宮也。地祇始于太蔟，終于南呂，以木、火、土、金、水為敘，則宮聲當在姑洗徵之後，南呂羽之前，中間唯函鐘當均當均，自當以函鐘為宮也。天神用圜鐘之後，姑洗之前，唯有一律自然合用也。不曰夾鐘，而曰圜鐘者，以天體言之也。

不曰林鐘，曰函鐘者，以地道言之也。黃鐘無異名，人道也。此三律為宮

，次敘定理，非可以意鑿也。圜鐘六變，函鐘八變，黃鐘九變，同會于卯

，卯者，昏明之交，所以交上下、通幽明、合人神，故天神、地祇、人鬼

可得而禮也。自辰以往常在晝，自寅以來堂在夜，故卯為昏明之交，當其

中間，晝夜夾之，故謂之夾鐘。黃鐘一變為林鐘，再變人太蔟，三變南呂

，四變姑洗，五變應鐘，六應蕤賓，七變大呂，八變夷則，九變夾鐘。涵

鐘一變為太蔟，再變為南呂，三變姑洗，四變應鐘，五變蕤賓，六變太呂

，七變夷則，八變夾鐘也。圜鐘一變為無射，再變為中呂，三變為黃鐘清

宮，四變合至霖鐘，林鐘無清宮，至太蔟清官為四變；五變合至南呂，南

呂無清宮，直至大呂清宮為五變；六變合至夷則，夷則無清宮，直至夾鐘

清宮為六變也。十二律，黃鐘、大呂、太蔟、夾鐘四律有清宮，總謂之十

六律。自姑洗至應鐘八律，皆無清宮，但處位而已。此皆天理不可易暑。

古人以為難知，蓋不深索之。聽其聲，求其義，考其序，無毫發可移，此

所謂天理也。一者人鬼，以宮、商、角、徵、羽為序者；二者天神，三者

地祇，比以木、火、土、金、水為序者；四者以黃鐘一均分為天地二樂者

；五者六變、八變、九變皆會于夾鐘者。

六呂：三曰鐘，三曰呂。夾鐘、林鐘、應鐘。太呂、中呂、南呂。鐘與呂

常相間，常相對，六呂之間，復自有陰陽也。納音之法：申、子、辰、巳

、酉、丑為陽紀，寅、午、戌、亥、卯、未為陰紀。亥、卯、未，曰夾鐘

、林鐘、應鐘，陽中之陰也。黃鐘者，陽之所鐘也；夾鐘、林鐘、應鐘，

陰之所鐘也。故皆謂之鐘。巳、酉、丑，太呂、中呂、南呂，陰中之陽也

。呂，助也，能時出而助陽也，故皆謂之呂。

《漢志》：「陰陽相生，自黃鐘始而左旋，八八為伍。」八八為伍者，謂

一上生與一下生相間。如此，則自大呂以後，律數皆差，須自蕤賓再上生

，方得本數。此八八為伍之誤也。或曰：「律無上生呂之理，但當下生而

用濁倍。二說皆通。然至蕤賓清宮生大呂清宮，又當再上生。如此時上時

下，即非自然之數，不免牽合矣。自子至巳為陽律、陽呂，自午至亥為陰

律、陰呂。凡陽律、陽呂皆下生，陰律、陰呂皆上生。故巳方之律謂之中

呂，言陰陽至此而中也。中呂當讀如本字，作「仲」非也。至午則謂之蕤

賓。陽常為主，陰常為賓。蕤賓者，陽至此而為賓也。納音之法，自黃鐘

相生，至於中呂而中，謂之陽紀；自蕤賓相生，至於應鐘而終，謂之陰紀

。蓋中呂為陰陽之中，子午為陰陽之分也。

《漢志》言數曰：「太極元氣，函三為一。極，中也。元，始也。行于十

二辰，始動于子。參之于丑，得三。又參之于寅，得九。又參之于卯，得

二十七。」歷十二辰，「得十七萬七千一百四十七。此陰陽合德，氣鐘于

子，化生萬物者也。」殊不知此乃求律呂長短體算立成法耳，別有何義？

為史者但見共數浩博，莫測所用，乃曰「此陰陽合德，化生萬物者也。」

嘗有人于土中得一朽弊搗帛杵，不識，持歸以示鄰里。大小聚觀，莫不怪

愕，不知何物。後有一書生過，見之曰：「此靈物也。吾聞防風氏身長三

丈，骨節專車。此防風氏脛骨也。」鄉人皆喜，筑廟祭之，謂之「脛廟」

。班固此論，變近乎「脛廟」也。吾聞《羯鼓錄》序羯鼓之聲雲：「透空

碎遠，極異眾樂。」唐羯鼓曲，今唯有邠州一父老能這，有《大合蟬》、

《滴滴泉》之曲。余在鄜延時，尚聞其聲。涇、原承受公事楊元孫因奏事

回，有旨令召此人赴闕。元孫至邠，而其人已死，羯鼓遺音遂絕。今樂部

中所有，但名存而已，「透空碎遠」了無余跡。唐明帝與李龜年論羯鼓雲

：「杖之弊者四櫃。」用力如此，其為藝為知也。唐之杖鼓，本謂之「兩

杖鼓」，兩頭皆用杖。今之杖鼓，一頭以手拊之，則唐之「漢震第二鼓」

也。明帝、宋開府皆善此鼓。其曲多獨奏，如鼓笛曲是也。今時杖鼓，常

時只是打拍，鮮有專門獨奏之妙。古典悉皆散亡，頃年王師南征，得《黃

帝炎》一曲于交趾，乃杖鼓曲也。「炎」或作「鹽」。唐曲有《突厥鹽》

、《阿鵲鹽》。施肩吾詩雲：「顛狂楚客歌成雪，媚賴吳娘笑是鹽。」蓋

當時語也。今杖鼓譜中有炎杖聲。元稹《連昌宮詞》有「逡巡『大遍』涼

州徹。」所謂「大遍」者，有序、引、歌、嗺、哨、催、趺、衮、破、行

、中腔、踏歌之類，凡數十解，每解有數疊者。裁截用之，則謂之「摘遍

。今人大曲，皆是裁用，悉非「大遍」也。鼓吹部有拱辰管，即古之叉手

管也。太宗皇帝賜今名。

邊兵每得勝回，則連隊抗聲凱歌，乃古之遺音也。凱歌詞甚多，皆市井鄙

俚之語。余在鄜延時，制數十曲，今士卒歌之。今粗記得數篇。其一：「

先取山西十二州，別分子將打衙頭。回看秦塞低如馬，漸見黃河直北流。

」其二：「天威卷地過黃河，萬里羌人盡漢歌。莫堪橫山倒流水，從教西

去作恩波。」其三：「馬尾胡琴隨漢車，曲聲猶自怨單于。彎弓莫射雲中

雁，歸雁如今不記書。」其四：「旗隊渾如錦繡堆，銀裝背嵬打回回。先

教淨掃安西路，待向河源飲馬來。」其五：「靈武、西涼不用圍，蕃家總

待納王師。城中半是關西種，猶有當時軋吃根勿反兒。」

《柘枝》舊曲，遍數極多，如《羯鼓錄》所謂《渾脫解》之類，今無復此

遍。寇萊公好《柘枝舞》，會客必舞《柘枝》，每舞必盡日，時謂之「柘

枝顛」。今鳳翔有一老尼，猶是萊公時柘枝妓，雲「當時《柘枝》，尚有

數十遍。今日所舞《柘枝》，比當時十不得二三。」老尼尚能歌其曲，好

事者往往傳之。古之善歌者有語，謂「當使聲中無字，字中有聲。」凡曲

，止是一聲清濁高下如縈縷耳，字則有喉、唇、齒、舌等音不同。當使字

字舉本皆輕圓，悉融入聲中，令轉換處無大塊，此謂「聲中無字」，古人

謂之「如貫珠」，今謂之「善過度」是也。如宮聲字而曲合用商聲，則能

轉宮為商歌之，此「字中有聲」也，善歌者謂之「內時聲」。不善歌者，

聲無抑揚，謂之「念曲」；聲無含韞，謂之「叫曲。」

五音：宮、商、角為從聲，徵、羽為變聲。從謂律從律，呂從呂；變謂以

律從呂，以呂從律。故從聲以配君、臣、民，尊卑有定，不可相逾；變聲

以為事、物，則或遇于君聲無嫌。六律為君聲，則商、角皆以律應，徵、

羽以呂應。六呂為君聲，則商、角皆以呂應，徵、羽以律應。加變徵，則

從、變之聲已瀆矣。隋柱國鄭譯始條具七均，展轉相生，為八十四調，清

濁混淆，紛亂無統，競為新聲。自後又有犯聲、側聲、正殺、寄殺、偏字

、傍字、雙字、半字之法。從、變之聲、無復條理矣。外國之聲，前世自

別為四夷樂。自唐天寶十三載，始詔法曲與胡部合奏。自此樂奏全失古法

，以先王之樂為雅樂，前世新聲為清樂，合胡部者為宴樂。古詩皆詠之，

然後以聲依詠以成曲，謂之協律。其志安和，則以安和之聲詠之；其志怨

思，則以怨思之聲詠之。故治世之音安以樂，則詩與志、聲與曲，莫不安

且樂；亂世之音怨以怒，則詩與志、聲與曲，莫不怨且怒。此所以審音而

知政也。詩之外又有和聲，則所謂曲也。古樂府皆有聲有詞，連屬書之。

如曰賀賀賀、何何何之類，皆和聲也。今管弦之中纏聲，亦其遺法也。唐

人乃以詞填入曲中，不復用和聲。此格雖雲自王涯始，然貞元、元和之間

，為之者已多，亦有在涯之前者。又小曲有「咸陽沽酒寶釵空」之句，雲

是李白所制，然李白集中有《清平樂》詞四首，獨欠是詩；而《花間集》

所載「咸陽沽酒寶釵空」，乃雲是張泌所為。莫知孰是也。今聲詞相從，

唯裡巷間歌謠，及《陽關》、《搗練》之類，稍類舊俗。然唐人填曲，多

詠其曲名，所以哀樂與聲尚相諧會。今人則不復知有聲矣，哀聲而歌樂詞

，樂聲而歌怨詞。故語雖切而不能感動人情，由聲與意不相諧故也。

古樂有三調聲，謂清調、平調、側調也。王建詩雲「側商調裡唱《伊州》

」是也。今樂部中有三調樂，品皆短小，其聲爣，唯道調小石法曲用之

。雖謂這三調樂，皆不復辨清、平、側聲，但比他樂特為煩數耳。唐《獨

異志》雲：「唐承隋亂，樂虡散亡，獨無徵音。李嗣真密求得之。聞弩營

中砧聲，求得喪車一鐸，入振之于東南隅，果有應者。掘之，得石一段，

裁為四具，以補樂虡之闕。」此妄也。聲在短長厚薄之間，故《考工記》

：「磬氏為磬，已上則磨其旁，已下則磨其端。」磨其毫末，則聲隨而變

，豈有帛砧裁琢為磬，而尚存故聲哉。兼古樂宮、商無定聲，隨律命之，

迭為宮、徵。嗣真必嘗為新磬，好事者遂附益為之說。既雲：「裁為四具

」，則是不獨補徵聲也。《國史纂異》雲：「潤州曾得王磬十二以獻，張

率更叩其一，曰：『晉苛歲所造也。是歲閏月，造磬者法月數，當有十在

宜于黃鐘東九尺掘，必得焉。』從之，果如其言。」此妄也。法月律為磬

當依節氣，閏月自在其間，閏月無中氣，豈當月律？此懵然者為之也。扣

其一，安知其是晉某年所造？既淪陷在地中，豈暇復按方隅尺寸埋之？此

欺誕之甚也！

《霓裳羽衣曲》。劉禹錫詩雲：「三鄉陌上望仙山，歸作《霓裳羽衣曲》

。」又王建詩雲：「聽風聽水作《霓裳》。」白樂天詩注雲：「開元中，

西涼府節度使楊敬述造。」鄭嵎《津陽門詩》注雲：「葉法善嘗引上入月

宮，聞仙樂。及上歸，但記其半，遂于笛中寫之。會西涼府都督楊敬述進

《婆羅門曲》，與其聲調相符，遂以月中所聞為散序，用敬術所進為其腔

，而名《霓裳羽衣曲》。」諸說各不同。今蒲中逍遙樓楣上有唐人橫書，

類梵字，相傳是《霓裳譜》，字訓不通，莫知是非。或謂今燕部有《獻仙

音曲》，乃其遺聲。然《霓掌》本謂之道調法曲，今《獻仙音》乃小石調

耳。未知孰是。《虞書》曰：「戛擊鳴球，搏拊琴瑟以詠，祖考來格。」

鳴球非可以戛擊，和之至，詠之不足，有時而至於戛且擊；琴瑟非可以搏

拊，和之至，詠之不足，有時而至於搏且拊。所謂手之、舞之、足之、蹈

之，而不自知其然，和之至，則宜祖考之來格也。和之生于心，其可見者

如此。後之為樂者，文備而實不足。樂師之志，主于中節奏、諧聲律而已

。
古之樂師，皆能通天下之志，故其哀樂成于心，然後宜于聲，則必有

形容以表之。
故樂有志，聲有容，其所以感人深者，不獨出於器而已。

《新五代史》書唐昭宗幸華州，登齊雲樓，西北顧望京師，作《菩薩蠻》

辭三章，其卒章曰：「野煙生碧樹，陌上行人去。安得有英雄，迎歸大內

中？」今此辭墨本猶在陝州一佛寺中，紙札甚草劃，余頃年過陝，曾一見

之，后人題跋多盈巨軸矣。

世稱善歌者皆曰「郢人」，郢州至今有白雪樓。此乃因宋王問曰：』客有

歌于郢中者，其始曰《下裡巴人》，次為《陽阿薤露》，又為《陽春白雪

》，引商刻羽，雜以流徵。」遂謂郢人善歌，殊不考共義。共曰「客有歌

于郢中者」，則歌者非郢人也。其曰《下裡巴人》，國中屬而和者數千人

；《陽阿薤露》，和者數百人；《陽春白雪》，和者不過數十人；引商刻

羽，雜以流徵，則和者不過數人而已。」以楚之故都，人物猥盛，而和者

止于數人，則為不知歌甚矣。故玉以此自況，《陽春白雪》皆郢人所不能

也。以其所不能者明其俗，豈非大誤也？《襄陽耆舊傳》雖雲：「楚有善

歌者，歌《陽菱白露》、《朝日魚麗》，和之者不過數人。」復無《陽春

白雪》之名。又今郢州，本謂之北郢，亦非古之楚都。或曰：「楚都在今

宜城界中，有故墟尚在。」亦不然也。此鄢也，非郢也。據《左傳》：「

楚成王使鬭宜申為商公，沿漢泝江，將入郢，王在渚宮下見之。」沿漢至

於夏口，然後泝江，則郢當在江上，不在漢上也。又在渚宮下見之，則渚

宮蓋在郢也。楚始都丹陽，在今枝江，文王遷郢，昭王遣者，皆在今江陵

境中。杜預注《左傳》雲：「楚國，今南郡江陵縣北紀南城也。」謝靈運

《鄴中集》詩雲：「南登宛、郢城。」今江陵北十二里有紀南城，即古之

郢都也，又謂之南郢。

六十甲子有納音，鮮原其意。蓋六十律旋相為宮法也。一律含五音，十二

律納六十音也。凡氣始于東方而右行，音起于西方而左行；陰陽相錯，而

生變化。所謂氣始于東方者，四時始于木，右行傳于火，火傳于土，土傳

于金，金傳于水。所謂音始于西方者，五音始于金，左旋傳于火，火傳于

木，木傳于水，水傳于土。納音與《易》納甲同法：乾納甲而坤納癸，始

于乾而終于坤。納音始于金，金，乾也；終于土，土，坤也。納音之法，

同類娶妻，隔八生子，此《漢志》語也。此律呂相生之法也。五行先仲而

後孟，孟而後季，此遁甲三元之紀也。甲子金之仲，黃鐘之商。同位娶乙

丑，大呂之商。同位，謂甲與乙、丙與丁之類。下皆仿此。隔八下生壬申

，金之孟。夷則之商。隔八，謂大呂下生夷則也。下皆仿此。壬申同位娶

癸酉，南呂之商。隔八上生庚辰，金之季。姑洗之商。此金三元終。若只

以陽辰言之，則依遁甲逆傳仲孟季。若兼妻言之，則順傳孟仲季也。庚辰

同位聚辛巳，中呂之商。隔八下生戊子，火之仲。黃鐘之徵。金三元終，

則左行傳南火也。戊子娶巳丑，大呂之徵。生丙申，火之孟。夷則之徵。

丙申娶丁酉，南呂之徵。生皿辰，火之季。姑洗之徵。甲辰娶乙巳，中呂

之徵。生壬子，木之仲。內鐘之角。火三元終，則左行傳于東方木。如是

左行至於丁巳，中呂之宮，五音一終。復自甲午金之仲，娶乙未，隔八生

壬寅，一如甲子之法，終于癸亥。謂蕤賓娶林鐘，上生太簇之類。自子至

於巳為陽，故自黃鐘至於中呂皆下生；自午至於亥為陰，故自林鐘至於應

鐘皆上生。予于《樂論》敘之甚詳，此不復紀。。甲子乙丑金，與甲午乙

未金雖同，然甲子乙丑為陽律，陽律皆下生；甲午乙未為陽呂，陽呂皆上

生。六十律相反，所以分為一紀也。

今太常鐘鎛，皆于甬本為紐，謂之旋蟲，側垂之。皇祐中，杭州西湖側，

發地得一古鐘，匾而短，其枚長幾半寸，大略制度如《鳧氏》所載，唯甬

乃中空，甬半以上差小，所謂衡者。予細考其制，亦似有義。甬所以中空

者，疑鐘縻自共中垂下，當衡甬之間，以橫括掛之，橫括疑所謂旋蟲也。

今考其名，竹筩之筩，文從竹、從甬，則甬僅乎空筩半以上微小者，所以

礙橫括，以其橫括所在也，則有稀之義也。其橫括之形，似蟲而可旋，疑

所謂旋蟲。以今之鐘、鎛校之，此衡勇中空，則猶小於甬者，乃欲礙橫括

，似有所因。彼衡、甬俱實，則衡小于甬，似無所因。又以其括之橫于共

中也，則宜有衡義。實甬真上植之，而謂之衡者何義？又橫括以其可旋而

有蟲形，或可謂之旋蟲；今鐘則實共紐不動，何緣得「旋」名？若以側垂

之，其鐘可以掉蕩旋轉，則鐘常不定，擊者安能常當其燧？此皆可疑，未

知孰是。其鐘為尚在錢塘，予群從家藏之。

海州士人李慎言，嘗夢至一處水殿中，觀宮女戲。山陽蔡繩為之傳，敘其

事甚詳。有《拋
曲》十余闋，詞皆清麗。今獨記兩闋：「侍燕黃昏曉未

休，玉階夜色月如流。朝來自覺承恩醉，笑倩傍人認繡」。「堪恨隋家幾

帝王，舞袖揉盡繡鴛鴦。如今重到拋
處，不是金爐舊日香。《盧氏雜說

》：「韓皋謂嵇康琴曲有《廣陵散》者，以玉陵、母丘儉輩皆自廣陵敗散

，言魏散亡自廣陵始，故名其曲曰《廣陵散》。」以余考之，「散」自是

曲名，如操、弄、摻、淡、序、引之類。故潘岳《笙賦》：「輟張女之哀

彈，流廣陵之名散。」又應璩《與劉孔才書》雲：「聽廣陵之清散。」知

「散」為曲名明矣。或者康借此名以諫諷時事，「散」取曲名，「廣陵」

乃其所命，相附為義耳。馬融《笛賦》雲：「裁以當便便易持。」李善注

謂「籧，馬策也。裁笛以當馬籧，故便易持。」此謬說也。笛安可為馬策

？籧，管也。古人謂樂之管為籧。故潘岳《笙賦》雲：「脩籧內闢，餘簫

外逶。」裁以當籧者，余器多裁眾籧以成音，此笛但裁一籧，五音皆具。

當籧之工，不假繁猥，所以便而易持也。

笛有雅笛，有羌笛，其形制、所始，舊說皆不同。《周禮》：「笙師掌教

篪篴。」或雲：「漢武帝時，丘仲始作笛。」又雲：「起于羌人。」後漢

馬融所賦長笛，空洞無底，剡其上孔五孔，一孔出其背，正似今之「尺八

」。李善為之注雲：「七孔，長一尺四寸。」此乃今之橫笛耳，太常鼓吹

部中謂之「橫吹」，非融之所賦者。融《賦》雲：「易京君明音律，故本

四孔加以一。君明知加孔後出，是謂商聲五音畢。」沈約《宋書》亦云：

「京房備其五音。」《周禮•笙師》注：「杜子春雲：『遂乃今時所吹五

空竹篴。』」以融、約所記論之，則古篴不應有五孔，則子春之說，亦未

為然。今《三禮圖》畫篴，亦橫設而有五孔，又不知出何典據。

琴雖用桐，然須多年木性都盡，聲始發越。予曾見唐初路氏琴，木皆枯朽

，殆不勝指，而其聲愈清。又常見越人陶道真畜一張越琴，傳雲古塚中敗

棺杉木也，聲極勁挺。吳僧智和有一琴，瑟瑟微碧，紋石為軫，制度音韻

皆臻妙。腹有李陽冰篆數十字，其略雲：「南溟島上得一木，加伽陀羅，

紋如銀屑，其堅如石，命工斲為此琴。」篆文甚古勁。琴材欲輕、松、脆

、滑，謂之四善。木堅如石，可以制琴，亦所未諭也。《投荒錄》雲：「

瓊管多烏樠、呿陀，皆奇木。」疑「伽陀羅」即「呿陀」也。高郵人桑景

舒，性知音，聽百物之聲，悉能佔其災福，尤善樂律。舊傳有《虞美人草

》，聞人作《虞美人曲》，則枝葉皆動，他曲不然。景舒試之，誠如所傳

。乃詳其曲聲，曰：「皆吳音也。」他日取琴，試用吳音制一曲，對草鼓

之，枝葉亦動，乃謂之《虞美人操》。其聲調與《虞美人曲》全不相近，

始末無一聲相似者，而草輒應之，與《虞美人曲》無異者，律法同管也。

其知者臻妙如此。景舒進士及第，終于州縣官。今《虞美人操》盛行于江

吳間，人亦莫知其如何為吳音。

【卷六 樂律二】

前世遺事，時有于古人文章中見之。元稹詩有「琵琶宮調八十一，三調弦

中彈不出。」琵琶共有八十四調，蓋十二律各七均，乃成八十四調。稹詩

言「八十一調」，人多不喻所謂。余于金陵丞相家得唐賀懷智《琵琶譜》

一冊，其序雲：「琵琶八十四調。內黃鐘、太蔟、林鐘宮聲，弦中彈不出

，須管色定弦。其余八十一調，皆以此三調為準，更不用管色定弦。」始

喻積詩言。如今之調琴，鬇先用管色「合」字定宮弦下生微，微弦上生商

，上下相生，終于少商。凡下生者隔二弦，上生者隔一弦取之。凡弦聲皆

當如此。古人仍須以金石為準，《商頌》「依我磬聲」是也。今人敬簡，

不復以弦管定聲，故其高下無准，出於臨時。懷智《琵琶譜》調格，與今

樂全不同。唐人樂學精深，尚有雅律遺法。今之燕樂，古聲多亡，而新聲

大率皆無法度。樂工自不能言其義，如何得其聲和？

今教坊燕樂，比律高址均弱。「合」安比太蔟微下，卻以「凡」字當宮聲

，比宮之清微高。外方樂尤無法，求體又高教坊一均以來。唯北狄樂聲，

比教坊樂下二均。大凡北人衣冠文物，多用唐俗，此樂疑亦唐之遺聲也。

今之燕樂二十八調，布在十一律，唯黃鐘、中呂、林鐘三律，各具宮、商

、角、羽四音；其余或有一調至二三調，獨蕤賓一律都無。內中管仙呂調

，乃是蕤賓聲，亦不正當本律。其間聲音出入，亦不全應古法。略可配合

而已。如今之中呂宮，卻是古夾鐘宮；南呂宮，乃古林鐘宮；今林鐘商，

乃古無射宮；今大呂調，乃古林鐘羽。雖國工亦莫能知其所因。

十二律並清宮，當有十六聲。今之燕樂止有十五聲。蓋今樂高于古樂二律

以下，故無正黃鐘聲，只以「合」字當大呂，猶差高，當在大呂、太蔟之

間，「下四」字近蔟，「高四」字近夾鐘，「下一」字近姑洗，「高一」

字近南呂，「上」字近蕤賓；「勾」字近林鐘，「尺」字近夷則，「工」

字近南呂，「高工」字近無射，「六」字近應鐘，「下凡」字為閃鐘清。

法雖如此，然諸調殺聲，不能盡歸本律，故有偏殺、側殺、寄殺、元殺之

類。雖與古法不，同，推這亦皆有理。知聲者皆能言之，此不備載也。

古法，鐘磬每虡十六，乃十六律也。然一虡又自應一律，有黃鐘之虡，有

大呂之虡，其他樂皆然。且以琴言之，雖皆清實，其間有聲重者，有聲輕

者。材中自有五音，故古人名琴，或謂之清徵。或謂之清角。不獨五音也

，又應諸調。余友人家有一琵琶，置之虛室，以管色奏雙調，琵琶弦輒有

聲應之，秦他調則不應，寶之以為異物，殊不知此乃常理。二十八調但有

聲同者即應；若遍二十作調而不應，則是逸調聲也。古法，一律有七音，

十二律共八十四調。更細分之，尚不止八十四，逸調至多。偶在二十八調

中，人見其應，則以為怪，此常理耳。此聲學至要妙處也。今不知此理，

故不能極天地至和之聲。世之樂工，弦上半日調尚不能知，何暇及此？

Volume 7-10

【卷七　像數一】

開元《大衍曆法》最為精密，歷代用其朔法。至熙寧中考之，曆已後天五

十餘刻，而前世曆官皆不能知。《奉元曆》乃移其閏朔。熙寧十年，天正

元用午時。新曆改用子時；閏十二月改為閏正月。四夷朝貢者用舊曆，比

來款塞，眾論謂氣至無顯驗可據。因此以搖新曆。事下有司考定。凡立冬

晷景，與立春之景相若者也。今二景短長不同，則知天正之氣偏也。移五

十餘刻，立冬、立春之景方停。以此為驗，論者乃屈。元會使人亦至，曆

法遂定。六壬天十二辰：亥日徵明。為正月將；戌日天魁，為二月將。古

人謂之合神，又謂之太陽過宮。合神者，正月建寅合在亥，二月建卯合在

戌之類。太陽過宮者，正月日躔諏訾，二月日躔降婁之類。二說一也，此

以《顓帝歷》言之也。今則分為二說者，蓋日度隨黃道歲差。今太陽至雨

水後方躔諏訾，春分後方躔降婁。若用合神，則須自立春日便用亥將，驚

蟄便用戌將。今若用太陽，則不應合神；用合神，則不應太陽，以理推之

，發課皆用月將加正時如此則須當從太陽過宮。若不有太陽躔次，則當日

當時日月、五星、支、二十八宿，皆不應天行。以此決知須用太陽也。然

尚未是盡理，若盡理言之，並月建亦須移易。緣目今斗杓昏刻已不當月建

，須當隨黃道歲差。今則雨水後一日方合建寅。春分後四日方合建卯，谷

雨後五日合建辰，如此始與太陽相符，復會為一說，然須大改曆法，事事

釐正。如東方蒼龍七宿，當起於亢，終於斗；南方朱鳥七宿，起於牛，終

於奎；西方白虎七宿，起於婁，終於輿鬼；北方玄武七宿，起於東井，終

於角。如此曆法始正，不止六壬而已。六壬天十二辰之名，古人釋其義曰

：「正月陽氣始建，呼召萬物，故曰徵明。二月物生根魁，故曰天魁。三

月公葉從根而生。故曰從魁。四月陽極無所傳，故曰傳送。五月草木茂盛

，逾於初生，故曰勝先。六月萬物小盛，故曰小吉。七月百谷成實，自能

任持，故曰太一。八月枝條堅剛，故曰天罡。九月木可為枝榦，故曰太沖

。十月萬物登成，可以會計，故曰功曹。十一月月建在子，君復其位，故

曰大吉。十二月為酒醴，以報百神，故曰神後。」此說極無稽。據義理，

余按：徵明者，正月三陽始兆於地上，見龍在田，天下文明，故日徵明。

天魁者，斗魁第一星也，斗魁第一星抵於戌，故曰天魁。從魁者，斗魁第

二星也，斗魁第二星抵於酉，故曰從魁。斗杓一星建方，斗魁二星建方，

一星抵戌，一星抵酉。傳送者，四月陽極將退，一陰欲生，故傳陰而送陽

也。小吉，夏至之氣，大往小來，小人道長，小人之吉也，故為婚姻酒食

之事。勝先者，王者向明而治，萬物相見乎此，莫勝莫先焉。太一者，太

微垣所在，太一所居也。天罡者，斗剛之所建也。斗杓謂之剛，蒼龍第一

星亦謂之剛，與斗剛相直。太沖者，日月五星所出之門戶，天之沖也。功

曹者，十月歲功成而會計也。大吉者，冬至之氣，小往大來，君子道長，

大人之吉也，故主文武大臣之事。十二月子位，並方之中，上帝所居也。

神後，帝君之稱也。天十二辰也，故皆以天事名之。六壬有十二神將，

以義求之，止合有十一神將。貴人為之主；其前有五將，謂螣蛇、朱雀、

六合、勾陳、青龍也，此木火之神在方左者；方左謂寅、卯、辰、巳、午

。其後有五將，謂天後、太陰、玄武、太常、白虎也，此金水之神在方右

者，方右謂未、申酉亥、子。唯貴人對相無物，如日之在天，月對則虧，

五星對則逆行避之，莫敢當其對。貴人亦然，莫有對者，故謂之天空。空

者，無所有也，非神將也，猶月殺之有月空也。以之占事，吉凶皆空。唯

求對見及有所伸理於君者，遇之乃吉。十一將，前二火、二木、一土間之

，後當二金、二水、一土間之，玄武合在後二，太陰合在後三，神二合差

互，理似可疑也。
天事以辰名者為多，皆本於辰巳之辰，今略舉事：十

二支謂之十二辰，一時謂之一辰，一日謂之一辰，日、月、星謂之三辰，

北極謂之北辰，大火謂之大辰，五星中有辰星，五行之時，謂之五辰，《

書》曰「撫於五辰」是也，已上皆謂之辰。今考子丑至於戌亥謂之十二辰

者，《左傳》云：「日月之會是謂辰。」一歲日月十二會，則十二辰也。

日月之所捨，始於東方，蒼龍角亢之星起於辰，故以所首者名之。子丑戌

亥之月既謂之辰，則十二支、十二時皆子丑戌亥，則謂之辰無疑也。一日

謂之一辰者，以十二支言也。以十干言之，謂之今日；以十二支言之。謂

之今辰。故支干謂之日辰，日、月、星謂之三辰者，日、月星至於辰而畢

見，以其所首者名之，故皆謂之辰。四時所見有早晚，至辰則四時畢見，

故日加辰為「晨」，謂日始出之時也。星有三類：一經星，北極為之長；

二捨量，大火為之長；三行星，辰星為之長。故皆謂之辰。北辰居其所而

眾星拱之，故為經星之長。大火，天王之座，故為捨星之長。辰星，日之

近輔，遠乎日不過一辰，故不行星之長。
《洪範》「五行」數，自一至

五。先儒謂之此「五行生數」，各益以土數，以為「成數」。以謂五行非

土不成，故水生一而成六，火生二而成七，木生三而成八，金生四而成九

，土生五而成十，合之為五十有五，唯《黃帝素問》：「土生數五，成數

亦五。」蓋水、火、木、金皆待土而成，土更無所待，故止一五而已。畫

而為圖，其理可見。為之圖者，設木於東，設金於西，火居南，水居北，

土居中央。四方自為生數，各並中央之土，以為成數。土自居其位，更無

所並，自然止有五數，蓋土不須更待土而成也。合五行之數為五十，則大

衍之數也。此亦有理。
揲蓍之法：四十九蓍，聚之則一。而四十九隱於

一中；散之則四十九，而一隱於四十九中。一者，道也。謂之無，則一在

；謂之有，則不可取。四十九者，用也。靜則歸於一，動則惟睹其用，一

在其間而不可取。此所謂「大衍之數五十，其用四十有九。」 世之談數

者，蓋得其粗跡。然數有甚微者，非恃歷所能知，況此但跡而已。至於感

而遂通天下之故者，跡不預焉。此所以前知之神，未易可以跡求，況得其

粗也。余之所謂甚微之跡者，世之言星者，恃歷以知之，歷亦出乎億而已

。余於《奉元歷序》論之甚詳。治平中，金、火合於軫，以《景福崇玄》

、《宣明》、《明》、《崇》、《欽天》凡十一家大歷步之，悉不合，有

差三十日以上者，歷豈足恃哉。縱使在其度，然又有行黃道之裡者，行黃

道之外者，行黃道之上者，行黃道之下者，有循度者，有失度者，有失度

者，有犯經星者，有犯客星者，所占各不同，此又非歷之能知也。又一時

之間，天行三十餘度，總謂之一宮。然時有始末，豈可三十度間陽陽皆同

，至交他宮則頓然差別？世言星歷難知，唯五行時日為可據，是亦不然。

世之言五行消長者，止是知一歲之間，如冬至後日行盈度為陽，夏至後日

行縮度為陰，二分行平度。殊不知一月之中，自有消長，望前月行盈度為

陽，望後月行縮度為陰，兩弦行平度。至如春木、夏火、秋金、冬水，一

月之中亦然。不止月中，一日之中亦然。《素問》云：「疾在肝，寅卯患

，申酉劇。病在心，巳午患，子亥劇。」此一日之中，自有四時也。安知

一時之間無四時？安知一刻、一分、一剎那之中無四時邪？又安知十年、

百年、一紀、一會、一元之間，又豈無大四時邪？又如春為木，九十日間

，當亹亹消長，不可三月三十日亥時屬木。明日子時頓屬火也。似此之類

，亦非世法可盡者。
曆法步歲之法，以冬至斗建所抵，至明年冬至所得

辰、刻、衰、秒，謂之鬥分。故「歲」文從「步」、從戌。戌者，斗魁所

抵也。
正月寅，二月卯，謂之建，其說謂斗杓所建，不必用此說。但春

為寅、卯、辰，夏為巳、午、未，理自當然，不須因斗建也。緣斗建有歲

差，蓋古人未有歲差之法。《顓帝歷》：「冬至日宿斗初」今宿斗六度。

古者正月斗杓建寅，今則正月建丑矣。又歲與歲合，今亦差一辰。《堯曲

》曰；「日短星昴。」
今乃日短星東壁。此皆隨歲差移也。《唐書》云

：「落下閎造歷，自言後八百年當差一算。至唐，一行僧出而正之。」此

妄說也。落下閎曆法極疏，蓋當時以為密耳。其間闕略甚多，且舉二事言

之：漢世尚未知黃道歲差，至北齊張子信方侯知歲差。今以今古歷校之，

凡八十餘年差一度。則閎之歷八十年自己差一度，兼余分疏闊，據其法推

氣朔五星，當時便不可用，不待八十年，乃曰「八百年差一算，」太欺誕

也。天文家有渾儀，測天之器，設於崇台，以候垂象者，則古機衡是也。

渾象，像天之器，以水激之，或以水銀轉之，置於密室，與天行相符，張

衡、陸績所為，及開元中置於武成殿者，皆此器也。皇祐中，禮部試《機

衡正天文之器賦》，舉人皆雜用渾象事，試官亦自不曉，第為高等。漢以

前皆以北辰居天中，故謂之極星，自祖亙以機衡考驗天極不動外，乃在極

星之末猶一度有餘。熙寧中，余受詔典領歷官，雜考星歷，以機衡求極星

。初夜在窺管中，少時復出，以此知窺管小，不能容極星游轉，乃稍稍展

窺管候之。凡歷三月，極星方游於窺管之內，常見不隱，然後知天極不動

處，遠極星猶三度有餘。每極星入窺管，別畫為一圖。圖為一圓規，乃畫

極星於規中。具初夜、中夜、後夜所見各圖之，凡為二百余圖，極星方常

循圓規之內，夜夜不差。余於《熙寧歷奏議》中敘之甚詳。古今言刻漏

者數十家，悉皆疏謬。歷家言晷漏者，自《顓帝歷》至今，見於世謂之大

歷者，凡二十五家。其步漏之術，皆未合天度。余占天侯景，以至驗於儀

象，考數下漏，凡十餘年，方粗見真數，成書四卷，謂之《熙寧晷漏》，

皆非襲蹈前人之跡。其間二事尤微：一者，下漏家常患冬月水澀，夏月水

利，以為水性如此；又疑冰澌所壅，萬方理之。終不應法。余以理求之，

冬至日行速，天運已期，而日已過表，故百刻而有餘；夏至日行遲，天運

未期，而日已至表，故不及百刻。既得此數，然後覆求晷景漏刻，莫不吻

合。此古人之所未知也。二者，日之盈縮，其消長以漸，無一日頓殊之理

。曆法皆以一日氣短長之中者，播為刻分，累損益，氣初日衰，每日消長

常同；至交一氣，則頓易刻衰。故黃道有觚而不圓，縱有強為數以步之者

，亦非乘理用算，而多形數相詭。大凡物有定形，形有真數。方圓端斜，

定形也；乘除相蕩，無所附益，泯然冥會者，真數也。其術可以心得，不

可以言喻。黃道環天正圓，圓之為體，循之則其妥至均，不均不能中規衡

；絕之則有舒有數，無舒數則不能成妥。以圓法相蕩而得衰，則衰無不均

；以妥法相蕩而得差，則差有疏數。相因以求從，相消以求負；從、負相

入，會一術以御日行。以言其變，則秒刻之間，消長未嘗同；以言其齊，

則止用一衰，循環無端，終始如貫，不能議其隙。此圓法之微，古之言算

者，有所未知也。以日衰生日積，及生日衰，終始相求，迭為賓主。順循

之以索日變，衡別之求去極之度，合散無跡，泯如運規。非深知造算之理

者，不能與其微也。其詳具余《奏議》，藏在史官，及余所著《熙寧晷漏

》四卷之中。
予編校昭文書時，預詳定渾天儀。官長問余：「二十八宿

，多者三十三度，少者止一度，如此不均，何也？」予對曰：「天事本無

度，推歷者無以寓其數，乃以日所分天為三百六十五度有奇。日平行三百

六十五日有餘而一期天，故以一日為一度。既分之，必有物記之，然後可

窺而數，於是以當度之星記之。循黃道，日之所行一期，當者止二十八宿星而已。度如傘虡，當度謂正當傘虡上者。故車蓋二十八弓，以像二十八宿。則余《渾儀奏議》所謂『度不可見，可見者星也。日月五星之所由，有星焉。當度之畫者凡二十有八，謂之捨。捨所以挈度，度所以生數也。』今所謂『距度星』者是也。非不欲均也。黃道所由當度之星，止有此而已。」

又問予以「日月之形，如丸邪？如扇也？若如丸，則其相遇豈不相礙？」余對曰：「日月之形如丸。何以知之？以月盈虧可驗也。月本無光，猶銀丸，日耀之乃光耳。光之初生，日在其傍，故光側而所見才如鉤；日漸遠，則斜照，而光稍滿。如一彈丸，以粉塗其半，側視之，則粉處如鉤；對視之，則正圓，此有以知其如丸也。日、月，氣也，有形而無質，故相直而無礙。」

又問：「日月之行，日一合一對，而有蝕不蝕，何也？」余對曰：「黃道與月道，如二環相疊而小差。凡日月同在一度相遇，則日為之蝕；正一度相對，則月為小虧。雖同一度，而月道與黃道不相

近，自不相侵；同度而又近黃道、月道之交。日月相值，乃相淩掩。正當

其交處則蝕而既；不全當交道，則隨其相犯淺深而蝕，凡日蝕，當月道自

外而交入於內，則蝕起於西南，復於東北；自內而交出於外，則蝕起於西

北，而復於東南。日在交東，則蝕其內；日在交西，則蝕其外。蝕既，則

起於正西，復於正東。凡月蝕，月道自外入內，則蝕起於東南，復於西北

；自內出外，則蝕起於東北，而復於西南。月在交東，則蝕其外；月在交

西，則蝕其內，蝕既，則起於正東，復於西。交道每月退一度余，凡二百

四十九交而一期。故西天法羅□、計都，皆逆步之，乃今之交道也。交初

謂之『羅□』，交中謂之『計都』。」
古之卜者，皆有繇辭。《周禮》

：「三兆，其頌皆千有二百。」如「鳳凰于飛，和鳴鏘鏘」；「間於兩社

，為公室輔」；「專之渝，攘公之羭，一薰一蕕，十年尚猶有臭」；如魚

竀尾，衡流而方羊，裔焉，大國滅之，將亡，闔門塞竇，乃自後逾」：「

大橫庚庚，予為天王，夏啟以光」之類是也。今此書亡矣。漢人尚視其體

，今人雖視其體，而專以五行為主，三代舊術，莫有傳者。 北齊張子信

候天文，凡月前有星，則行速；星多則尤速。月行自有遲速定數，然遇行

疾。歷其前必有星，如子信說。亦陰陽相感自相契耳。醫家有五運六氣

之術，大則候天地之變，寒暑風雨，水旱螟蝗，率皆有法；小則人之眾疾

，亦隨氣運盛衰。今人不知所用，而膠於定法，故其術皆不驗。假令厥陰

用事，其氣多風，民病濕洩。豈溥天之下皆多風，溥天之民皆病濕洩邪？

至於一邑之間，而暘雨有不同者，此氣運安在？欲無不謬，不可得也。大

凡物理有常、有變：運氣所主者，常也；異夫所主者，皆變也。常則如本

氣，變則無所不至，而各有所占。故其候有從、逆、淫、郁、勝、復、太

過、不足之變，其法皆不同。若厥陰用事，多風，而草木榮茂，是之謂從

；天氣明絜，燥而無風，此之謂逆；太虛埃昏，流水不冰，此謂之淫；大

風折木，雲物濁擾，此之謂郁；山澤焦枯，草木凋落，此之謂勝；大暑燔

燎，螟蝗為災，此之謂復；山崩地震，埃昏時作，此謂之太過；陰森無時

，重雲晝昏，此之謂不足。隨其所變，疾癘應之。皆視當時當處之候。雖

數里之間，但氣候不同，而所應全異，豈可膠於一證。熙寧中，京師久旱

，祈禱備至，連日重陰，人謂必雨。一日驟晴。炎日赫然。余時因事入對

，上問雨期，余對曰：「雨候已見，期在明日。」眾以謂頻日晦溽，尚且

不雨，如此暘燥，豈復有望？次日，果大雨。是時濕土用事，連日陰者，

從氣已效，但為厥陰所勝，未能成雨。後日驟晴者，燥金入候，厥有當折

，則太陰得伸，明日運氣皆順，以是知其必雨。此亦當處所占也。若他處

候別，所占跡異。其造微之妙，間不容髮。推此而求，自臻至理。 歲運

有主氣，有客氣。常者為主，外至者為客。初之氣厥陰，以至終之氣太陽

者。四時之常敘也，故謂之主氣。唯客氣本書不載其目，故說者多端，或

以甲子之歲天數始於水十一刻，乙丑之歲始於二十六刻，丙寅歲始於五十

一刻，丁卯歲始於七十六刻者，謂之客氣。此乃四分曆法求大寒之氣，何

預歲運！又有相火之下，水氣承之，土位之下，風氣承之，謂之客氣。此

亦主氣也，與六節相須，不得為客。大率臆計，率皆此類。凡所謂客者，

歲半以前，天政主之；歲半以後，地政主之。四時常氣為之主，天地之政

為之客。逆主之氣為害暴，逆客之乞為害徐。調其主客，無使傷沴，此治

氣之法也。
六氣，方家以配六神。所謂青龍者，東方厥陰之氣。其性仁

，其神化，其色青，其形長，其蟲鱗。兼是數者。唯龍而青者，可以體之

，然未必有是物也。其他取象皆如是。唯北方有二，曰玄武，太陽水之氣

也；曰螣蛇，少陽相火之氣也。其在於人為腎，腎亦二，左為太陽水，右

為少陽相火。火降而息水，火騰而為雨露，以滋五髒，上下相交，此坎離

之交，以為否泰者也，故腎為壽命之藏。左陽、右陰、左右相交，此乾坤

之交，以生六子者也，故腎為胎育之髒。中央太陰土曰勾陳，中央之取象

，唯人為宜。勾陳者，天子之環衛也。居人之中，莫如君。何以不取象於

君？君之道無所不在，不可以方言也。環衛居人之中央，而中虛者也。虛

者，妙萬物之地也。在天文，星辰皆居四傍而中虛，八卦分佈八方而中虛

，不虛不足以妙萬物。其在於人，勾陳之配，則脾也。勾陳如環。環之中

則所謂黃庭也。黃者，中之色；庭者，宮之虛地也。古人以黃庭為脾，不

然也。黃庭有名而無所，沖氣之所在也。脾不能與也，脾主思慮，非思之

所能到也。故養生家曰：「能守黃庭，則能長生。」黃庭者，以無所守為

守。唯無所守，乃可以長生。或者又謂：「黃庭在二腎之間。」又曰：「

在心之下。」又曰：「黃庭有神人守之。」皆不然。黃庭者，虛而妙者也

。強為之名。意可到則不得謂之虛，豈可求而得之也哉。《易》象九為

老陽，七為少；八為少陰，六為老，舊說陽以進為老，陰以退為老。九六

者，乾坤之畫，陽得兼陰，陰不得兼陽。此皆以意配之，不然也。九七、

八六之數，陽順、陰逆之理，皆有所從來，得之自然，非意之所配也。凡

歸余之數，有多有少。多為陰，如爻之偶；少為陽，如爻之奇。三少，乾

也，故曰老陽九揲而得之，故其數九，其策三十有六。兩多一少，則一少

為之主，震、坎、艮也，故皆謂之少陽。少在初為震，中為坎，末為艮。

皆七揲而得之，故其數六，其策二十有八。三多，坤也，故曰老陽六揲而

得之，故其數六，其策二十有四。兩少一多，則多為之主，巽、離、兌也

，故皆謂之少陰。多在初為巽，中為離，末為兌。皆八揲而得之，故其數

八其策二十有二。物盈則變，純少陽盈，純多陰盈。盈為老，故老動而少

靜。吉凶悔吝，生乎動者也。卦爻之辭，皆九六者，惟動則有占，不動則

無朕，雖《易》亦不能言之。《國語》謂「貞屯悔豫皆八」；「遇泰之八

」是也。今人以《易》筮者，雖不動，亦引爻辭斷之。《易》中但有九六

，既不動，則是七八安得用九六爻辭？此流俗之過也。江南人鄭夬曾為

一書談《易》，其間一說曰：「乾坤，大父母也；復姤，小父母也。乾一

變生復，得一陽；坤一變生姤，得一陰。乾再變生臨，得二陽；坤再變生

遁，得二陰。乾三變生泰，得四陽；坤三變生否，是四陰。乾四變生大壯

，得八陽；坤四變生觀，得八陰。乾五變生夬，得十六陽；坤五變生剝，

得十六陰。乾六變生歸妹，本得三十二陽；坤六變生漸，本得三十二陰。

乾坤錯綜，陰陽各三十二，生六十四卦。」夬之為書，皆荒唐之論，獨有

此變卦之說，未知其是非。余後因見兵部侍郎幫秦君玠，論夬所談，駭然

歎曰：「夬何處得此法？玠曾遇一異人，授此數歷，推往古興衰運歷，無

不皆驗，常恨不能盡得其術。西都邵雍亦知大略，已能洞吉凶之變。此人

乃形之於書，必有天譴，此非世人得聞也。」余聞其言怪，兼復甚秘，不

欲深詰之。今夬與雍、玠皆已死，終不知其何術也。慶歷中，有一術士

姓李，多巧思。嘗木刻一「舞鐘馗」，高二三尺，右手持鐵簡，以香餌置

鐘馗左手中。鼠緣手取食，則左手扼鼠，右手運簡斃之。以獻荊王，王館

於門下。會太史言月當蝕於昏時，李自云：「有術可禳。」荊王試使為之

，是夜月果不蝕。王大神之，即日表聞，詔付內侍省問狀。李云：「本善

歷術，知《崇天歷》蝕限太弱，此月所蝕，當有濁中。以微賤不能自通，

始以機巧干荊邸，今又假禳以動朝廷耳。」詔送司天監考驗。李與判監楚

衍推步日月蝕，遂加蝕限二刻；李補司天學生。至熙寧元年七月，日辰蝕

東方，不效。卻是蝕限太強，壓官皆坐謫。令監官周琮重修，復減去慶歷

所加二刻。苟欲求熙寧日蝕，而慶歷之蝕復失之，議久紛紛，卒無巧算，

遂廢《明天》，復行《崇天》。至熙寧五年，衛樸造《奉元歷》，始知舊

蝕法止用日平度，故在疾者過之，在遲者不及。《崇》、《明》二歷加減

，皆不曾求其所因，至是方究其失。
四方取象：蒼龍、白虎、朱雀、龜

蛇。唯朱雀莫知何物，但謂鳥而朱者，羽族赤而翔上，集必附木，此火之

象也。或謂之「長離」，蓋雲離方之長耳。或雲，鳥即鳳也，故謂之鳳鳥

。少昊以鳳鳥至，乃以鳥紀官。則所謂丹鳥氏。即鳳也。雙旗旐之飾皆二

物，南鶉火、方曰「鳥隼」，則鳥、隼蓋兩物也。然古人取象，不必大物

也。天文家朱鳥，乃取象於鶉，故南方朱鳥七宿，日鶉首、鶉尾是也。鶉

有兩各，有丹鶉，有白鶉。此丹鶉也。色赤黃而文，鋭上禿下，夏元秋藏

，飛必附草，皆火類也。或有魚所化者。魚，鱗蟲龍類，火之所自生也。

天文東方蒼龍七宿，有角、亢、有尾。南方朱鳥七宿，有喙、有嗉、有翼

而無尾，此其取於鶉敷。
司馬彪《續漢書》候氣之法：「於密室中以木

為案，置十二律琯，各如其方。實以葭灰，覆以緹縠，氣至則一律飛灰。

」世皆疑其所置諸律，方不逾數尺，氣至獨本律應，何也？或謂：「古人

自有術。」或謂：「短長至數，冥符造化。」或謂：「支干方位，自相感

召。」皆非也。蓋彪說得其略耳，唯《隋書志》論之甚詳。其法：先治一

室，令地極平，乃埋律琯，皆使上齊，入地則有淺深。冬至陽氣距地面九

寸而止。唯黃鐘一琯達之，故黃鐘為之應。正月陽氣距地面八寸而止，自

太蔟以上皆達，黃鐘大呂先已虛，故唯太蔟一律飛灰。如人用針徹其經渠

，則氣隨針而出矣。地有疏密，則不能無差忒，故先以木案隔之，然後實

土案上，令堅密均一。其上以水平其概，然後埋律。其下雖有疏密，為木

案所節，其氣自平，但在調其案上之土耳。
《易》有納甲之法，未知起

於何時。予嘗考之，可以推見天地胎育之理。乾納甲壬，坤納乙癸者，上

下包之也。震、巽、坎、離、艮、兌納庚、辛、戊已、丙、丁者，六子生

於乾坤之包中，如物之處胎甲者。左三剛爻，乾之氣也；右三柔爻，坤之

氣也。乾之初爻交於坤，生震，故震之初爻納子午；乾之初爻子午故也。

中爻交於坤，生坎，初爻納寅申，震納子午，順傳寅申，陽道順。上爻交

於坤，生艮，初爻納辰戌。亦順傳也。坤之初爻交於乾。生巽，故巽之初

爻納丑未；坤之初爻丑未故也。中爻交於乾，生離，初爻納卯酉；巽納丑

未，逆傳卯酉，陰道逆。上爻交於乾，生兌，初爻納巳亥。亦逆傳也。乾

坤始於甲乙，則長男、長女乃其次，宜納丙丁；少男少女居其末，宜納庚

辛，今乃反此者，卦必自下生，先初爻，次中及，末乃至上爻，此《易》

之敘，然亦胎育之理也。物之處胎甲，莫不倒生。自下而生者，卦之敘，

而冥合造化胎育之理。此至理合自然者也。凡草木百谷之實，皆倒生，首

繫於干，其上抵於隸處，反是根。人與鳥獸生胎，亦首皆在下。

【卷八　像數二】

《史記•律書》所論二十八捨、十二律，多皆臆配，殊無義理。至於言數

，亦多差舛。如所謂「律數者，八十一為宮，五十四為徵，七十二為商，

四十八為羽，六十四為角。」此止是黃鐘一均耳。十二律各有五音，豈得

定以此為律數？如五十四，在黃鐘則為徵，在夾鐘則為角，在中呂則為商

。兼律有多寡之數，有實積之數，有短長之數，有周徑之數，有清濁之數

。其八十一、五十四、七十二、四十八、六十四，止是實積數耳。又云：

「黃鐘長八寸七分一，大呂長七寸五分三分一，太蔟長七寸七分二，夾鐘

長六寸二分三分一，姑洗長六寸七分四，中呂長五寸九分三分二，蕤賓長

五寸六分二分一，林鐘長五寸七分四，夷則長五寸四分三分二。南呂長四

寸七分八，無射長四寸四分三分二，應鐘長四寸二分三分二。」此尤誤也

。此亦實積耳，非律之長也。蓋其間字又有誤者，疑後人傳寫之失也。余

分下分母，凡「七」字皆當作「十」字，誤屈其中畫耳。黃鐘當作「八寸

十分一」，太蔟當作「七寸十分二」，姑洗當作「六寸十分四」，林鐘當

作「五寸十分四」，南呂當作「四寸十分八。」凡言「七分」者，皆是「

十分」。
今之卜筮，皆用古書，工拙繫乎用之者。唯其寂然不動，乃能

通天下之故。人未能至乎無心也，則憑物之無心者而言之。如灼龜、璺瓦

，皆取其無理，則不隨彼理而震，此近乎無心也。呂才為卜宅、祿命、

卜葬之說，皆以術為無驗，術之不可恃，信然。而不知皆寓也。神而明之

，存乎其人，故一術二人用之，則所占各異。人之心本神，以其不能無累

，而寓之以無心之物，而以吾之所以神者言之，此術之微，難可以俗人論

也。才又論：「人姓或因官，或因邑族，豈可配以宮商？」此亦是也。如

今姓敬者，或更姓文，或更姓苟。以文考之，皆非也。敬本從苟、音亟。

從攴，今乃謂之苟與文，五音安在哉？以為無義，不待遠求而知也。然既

謂之寓，則苟以為字，皆寓也，凡視聽思慮所及，無不可寓者。若以此為

妄，則凡禍福、吉凶、死生、變生、孰為非妄者？能齊乎此，然後可與論

先知之神矣。曆法，天有黃、赤二道，月有九道。此皆強名而已，非實

有也。亦由天之有三百六十五度，天何嘗有度？以日行三百六十五日而一

期，強謂之度，以步日月五星行次而已。日之所由，謂之黃道；南北極之

中，度最均處，謂之赤道。月行黃道之南，謂之朱道；行黃道之北，謂之

黑道。黃道之東，謂之青道；黃道之西，謂之白道。黃道內外各四，並黃

道為九。日月之行，有遲有速，難可以一術御也。故因其合散，分為數段

，每段以一色名之，欲以別算位而已。如算法用赤籌、黑籌，以別正負之

數。歷家不知其意，遂以謂實有九道，甚可嗤也。
二十八宿，為其有二

十八星當度，故立以為宿。前世測候，多或改變。如《唐書》測得畢有十

七度半，觜只有半度之類，皆謬說也。星既不當度，自不當用為宿次，自

是渾儀度距疏密不等耳。凡二十八宿度數，皆以赤道為法。唯黃道度有不

全度者，蓋黃道有斜、有直，故度數與赤道不等。即須以當度星為宿，唯

虛宿未有奇數，自是日之餘分。歷家取以為斗分者，此也。余宿則不然。

予嘗考古今曆法五星行度，唯留逆之際最多差。自內而進者，其退必向外

；自外而進者，其退必由內。其跡如循柳葉，兩末銳，中間往還之道，相

去甚遠。故兩末星行成度稍遲，以其斜行故也；中間成度稍速，以其徑絕

故也。歷家但知行道有遲速，不知道徑又有斜直之異。熙寧中，予領太史

令，懷樸造歷，氣逆已正，但五星未有候簿可驗。前世修歷，多只增損舊

歷而已，未曾實考天度。其法須測驗每夜昏、曉、夜半月及五星所在度秒

，置簿錄之，滿五年，其間剔去雲陰及晝見日數外，可得三年實行，然後

以算術綴之。古所謂「綴術」者，此也。是時司天歷官，皆承世族，隸名

食祿，本無知歷者，惡樸之術過已，群沮之，屢起大獄。雖終不能搖樸，

而候簿至今不成。《奉元歷》五星步術，但增損舊歷，正其甚謬處，十得

五六而已。樸之歷術，今古未有，為群歷人所沮，不能盡其藝，惜哉。

國朝置天文院於禁中，設漏刻、觀天台、銅渾儀，皆如司天監，與司天監

互檢察。每夜天文院具有無謫見、雲物、禎祥，及當夜星次，須令於皇城

門未發前到禁中。門發後，司天占狀方到，以兩司奏狀對勘，以防虛偽。

近歲皆是陰相計會，符同寫奏，習以為常，其來已久，中外具知之，不以

為怪。其日月五星行次，皆只據小歷所算躔度謄奏，不曾占候，有司但備

員安祿而已。熙寧中，予領太史，嘗按發其欺，免官者六人。未幾，其弊

復如故。
司天監銅渾儀，景德中歷官韓顯符所造，依仿劉曜時孔挺、晁

崇、斛蘭之法，失於簡略。天文院渾儀，皇祐中冬官正舒易簡所造，乃用

唐梁令瓚、僧一行之法，頗為詳備，而失於難用。熙寧中，予更造渾儀，

並創為玉壺浮漏、銅表，皆置天文院，別設官領之。天文院舊銅儀，送朝

服法物庫收藏，以備講求。

【卷九　人事一】

景德中，河北用兵，車駕欲幸澶淵，中外之論不一，獨寇忠愍贊成上意。

乘輿方渡河，虜騎充斥，至於城下，人情恟恟。上使人微覘準所為，而準

方酣寢於中書，鼻息如雷。人以其一時鎮物，比之謝安。武昌張諤，好

學能議論，常自約：仕至縣令則致仕而歸，後登進士第，除中允。諤於所

居營一捨，榜為中允亭，以志素約也。後諤稍稍進用，數年間為集賢校理

，直捨人院。檢正中書五房公事，判司農寺。皆要官，權任漸重。無何，

坐事奪數官，歸武昌。未幾捐館，遂終於太子中允。豈非前定？許懷德

為殿帥。嘗有一舉人，因懷德乳媪求為門客，懷德許之。舉子曳襴拜於庭

下，懷德據座受之。人謂懷德武人，不知事體，密謂之曰：「舉人無沒階

之禮，宜少降接也。」懷德應之曰：「我得打乳媪關節秀才，只消如此待

之！」
夏文莊性豪侈，稟賦異於人：才睡，即身冷而僵，一如逝者；既

覺，須令人溫之，良久方能動。人有見其陸行，兩車相連，載一物巍然，

問之，乃綿賬也，以數千兩綿為之。常服仙茅、鐘乳、硫黃，莫知紀極。

晨朝每食鐘乳粥。
有小吏竊食之，遂發疽，幾不可救。 鄭毅夫自負時名

，國子監以第五人選，意甚不平。謝主司啟詞，有「李廣事業，自謂無雙

；杜牧文章，止得第五」之句。又云：「騏驥已老，甘駑馬以先之；臣鰲

不靈，因頑石之在上。」主司深銜之。他日廷策，主司復為考官，必欲黜

落，以報其不遜。有試業似獬者，枉遭斥逐；既而發考卷，則獬乃第一人

及第。又嘉祐中，士人劉幾，累為國學第一人。驟為怪嶮之語，學者翕然

效之，遂成風俗。歐陽公深惡之。會公主文，決意痛懲，凡為新文者一切

棄黜。時體為之一變，歐陽之功也，有一舉人論曰：「天地軋，萬物茁，

聖人發。」公曰：「此必劉幾也。」戲續之曰：「秀才剌，試官刷。」乃

以大硃筆橫抹之，自首至尾，謂之「紅勒帛」，判大紕繆字榜之。即而果

幾也。複數年，公為御試考官，而幾在庭。公曰：「除惡務本，今必痛斥

輕薄子，以除文章之害。」有一士人論曰：「主上收精藏明於冕旒之下。

」公曰：「吾已得劉幾矣。」既黜，乃吳人蕭稷也，是時試《堯舜性仁賦

》，有曰：「故得靜而延年，獨高五帝之壽；動而有勇，形為四罪之誅。

」公大稱賞，擢為第一人，及唱名，乃劉煇。人有識之者曰：「此劉幾也

，易名矣。」公愕然久之。因欲成就其名，小賦有「內積安行之德，蓋稟

於天」，公以謂「積」近於學，改為「蘊」，人莫不以公為知言。 古人

謂貴人多知人，以其閱人物多也。張鄧公為殿中丞，一見王城東，遂厚遇

之，語必移時，王公素所厚唯楊大年，公有一茶囊，唯大年至，則取茶囊

具茶，他客莫與也。公之子弟，但聞「取茶囊」，則知大年至。一日公命

「取茶囊」，群子弟皆出窺大年；及至，乃鄧公。他日，以復取茶囊，又

往窺之，亦鄧公也。子弟乃問公：「張殿中者何人，公待之如此？」公曰

：「張有貴人法，不十年當據吾座。」後果如其言。又文潞公為太常博士

，通判兗州，回謁呂許公。公一見器之，問潞公：「太博曾在東魯，必當

別墨。」令取一丸墨瀕階磨之，揖潞公就觀：「此墨何如？」乃是欲從後

相其背。既而密語潞公日：「異日必大貴達。」即日擢為監察御史，不十

年入相，潞公自慶歷八年登相，至七十九歲，以太師致仕，凡帶平章事三

十七年，未嘗改易。名位隆重，福壽康寧，近世未有其比。 王延政據建

州，令大將章某守建州城，嘗遣部將刺事於軍前，後期當斬；惜其材，未

有以處，歸語其妻。其妻連氏，有賢智，私使人謂部將曰：「汝法當死，

急逃乃免。」與之銀數十兩，曰：「徑行，無顧家也。」部將得以潛去，

投江南李主，以隸查文徽麾下。文徽攻延政，部將適主是役。城將陷，先

喻城中：「能全連氏一門者，有重賞。」連氏使人謂之曰：「建民無罪，

將軍幸赦之。妾夫婦罪當死，不敢圖生。若將不釋建民願先百姓死，誓不

獨生也。」詞氣感概，發於至誠。不得已為之，戢兵而入，一城獲全。至

今連氏為建安大族，官至卿相者相踵，皆連氏之後也。又李景使大將胡則

守江州，江南國下，曹翰以兵圍之三年，城堅不可破。一日，則怒一饔人

鱠魚不精，欲殺之。其妻遽止之曰：「士卒守城累年矣。暴骨滿地，奈何

以一食殺士卒耶？」則乃捨之。此卒夜縋城，走投曹翰，具言城中虛實。

先是，城西南依嶮，素同不設備。卒乃引王師自西南攻之。是夜城陷，胡

則一門無遺類。二人者，其為德一也，何其報效之不同？王文正太尉局

量寬厚，未嘗見其怒。飲食有不精潔者，但不食而已。家人欲試其量，以

少埃墨投羹中，公唯啖飯而已。問其何以不食羹？曰：「我偶不喜肉。」

一日又墨其飯，公視之曰：「吾今日不喜飯，可具粥。」其子弟愬於公曰

：「庖肉為饔人所私，食肉不飽，乞治之。」公曰：「汝輩人料肉幾何？

」曰：「一斤，今但得半斤食，其半為饔人所廋。」公曰：「盡一斤可得

飽乎？」曰：「盡一斤固當飽。」曰：「此後人料一斤半可也。」其不發

人過皆類此。嘗宅門壞，主者徹屋新之。暫於廊廡下啟一門以出入。公至

側門，門低，據鞍俯伏而過，都不問。門畢，復行正門，亦不問。有控馬

卒，歲滿辭公，公問：「汝控馬幾時？」曰：「五年矣。」公曰：「吾不

省有汝。」既去，復呼回曰：「汝乃某人乎？」於是厚贈之。乃是逐日控

馬，但見背，未嘗視其面；因去見其背，方省也。
石曼卿居蔡河下曲，

鄰有一豪家，日聞歌鐘之聲。其家僮僕數十人，常往來曼卿之門。曼卿呼

一僕，問：「豪為何人？」對曰：「姓李氏，主人方二十歲，並無昆弟，

家妾曳羅綺者數十人。」曼卿求欲見之，其人曰：「郎君素未嘗接士大夫

，他人必不可見。然喜飲灑，屢言聞學士能飲灑，意亦似欲相見。待試問

之。」一日，果使人延曼卿，曼卿即著帽往見之。坐於堂上，久之方出。

主人著頭巾，系勒帛，都不具衣冠。見曼卿，全不知拱揖之禮。引曼卿入

一別館，供張赫然。坐良久，有二鬟妾，各持一小槃至曼卿前，槃中紅牙

牌十餘。其一槃是酒，凡十餘品，令曼卿擇一牌；其一槃餚饌名，令擇五

品。既而二鬟去，有群妓十餘人，各執餚果樂器，妝服人品皆艷麗粲然。

一妓酌酒以進，酒罷樂作；群妓執果餚者，萃立其前；食罷則分列其左右

，京師人謂之「軟槃」。酒五行，群妓皆退；主人者亦翩然而入，略不揖

客。曼卿獨步而出。曼卿言：「豪者之狀，懵然愚騃，殆不分菽麥；而奉

養如此，極可怪也。」他日試使人通鄭重，則閉門不納，亦無應門者。問

其近鄰，云：「其人未嘗與人往還，雖鄰家亦不識面。」古人謂之「錢癡

」，信有之。
穎昌陽翟縣有一杜生者，不知其名，邑人但謂之杜五郎。

所居去縣三十餘里，唯有屋兩間，其一間自居，一間其子居之。室之前有

空地丈餘，即是籬門。杜生不出籬門凡三十年矣。黎陽尉孫軫曾往訪之，

見其人頗蕭灑，自陳：「村民無所能，何為見訪？」孫問其不出門之因，

其人笑曰：「以告者過也。」指門外一桑曰：「十五年前，亦曾到桑下納

涼，何謂不出門也？但無用於時，無求於人，偶自不出耳，何足尚哉！」

問其所以為生，曰：「昔時居邑之南，有田五十畝，與兄同耕。後兄之子

娶婦，度所耕不足贍，乃以田與兄，攜妻子至此。偶有鄉人借此屋，遂居

之。唯與人擇日，又賣一藥，以具饘粥，亦有時不繼。後子能耕，鄉人見

憐，與田三十畝，令子耕之，尚有餘力，又為人傭耕，自此食足。鄉人貧

，以醫自給者甚多，自食既足，不當更兼鄉人之利，自爾擇日賣藥，一切

不為。」又問：「常日何所為？」曰：「端坐耳，無可為也。」問：「頗

觀書否？」曰：「二十年前，亦曾觀書。」問：「觀何書？」日：「曾有

人惠一書冊，無題號。其間多說《淨名經》，亦不知《淨名經》何書也。

當時極愛其議論，今亦忘之，並書亦不知所在久矣。」氣韻閒曠，言詞精

簡，有道之士也。盛寒，但布袍草履。室中枵然，一榻而已。問其子之為

人，曰：「村童也。然質性甚淳厚，未嘗妄言，未嘗嬉游。唯買鹽酪，則

一至邑中，可數其行跡，以待其歸。徑往徑還，未嘗傍游一步也。」余時

方有軍事，至夜半未臥，疲甚，與官屬閒話，軫遂及此。不覺肅然，頓忘

煩勞。
唐白樂天居洛，與高年者八人游，謂之「九老」。洛中士大夫至

今居者為多，斷而為九老之會者再矣。元豐五年，文潞公守洛，又為「耆

年會」，人為一詩，命畫工鄭奐圖於妙覺佛寺，凡十三人：守司徒致仕韓

國公富弼，年七十九；守太尉判河南府路國公文彥博，年七十七；司封郎

中致仕席汝言，年七十七；朝議大夫致仕王尚恭，年七十六；太常少卿致

仕趙丙，年七十五；秘書監劉幾，年七十五；衛州防禦使馮行已，年七十

五；太中大夫充天章閣待制楚建中，年七十三；朝議大夫致仕王慎言，年

七十二；宣徽南院使檢校太尉判大名府王拱辰，年七十一；太中大夫張問

，年七十；龍圖閣直學士通議大夫張燾，年七十；端明殿學士兼翰林侍讀

學士太中大夫司馬光，年六十四。
王文正太尉氣羸多病。真宗面賜藥酒

一注缾，令空腹飲之，可能和氣血，辟外邪。文正飲之，大覺安健，因對

稱謝。上曰：「此蘇合香酒也。每一斗酒，以蘇合香丸一兩同煮。極能調

五髒，卻腹中諸疾。每冒寒夙興，則飲一杯。」因各出數榼賜近臣。自此

臣庶之家皆仿為之，蘇合香丸盛行於時，此方本出《廣濟方》，謂之「白

術丸」，後人亦編入《千金》《外台》，治疾有殊效。余於《良方》敘之

甚詳。然昔人未知用之。錢文僖公集《篋中方》，「蘇合香丸」注云：「

此藥本出禁中，祥符中嘗賜近臣。」即謂此也。
李士衡為館職，使高麗

，一武人為副。高麗禮幣贈遺之物，士衡皆不關意。一切委於副使。時船

底疏漏，副使者以士衡所得縑帛藉船底，然後實已物，以避漏濕。至海中

，遇大風，船欲傾覆，舟人大恐，請盡棄所載，不爾，船重必難免。副使

倉惶，悉取船中之物投之海中，更不暇揀擇。約投及半，風息船定。既而

點檢所投，皆副使之物。士衡所得在船底。一無所失。
劉美少時善鍛金

。後貴顯，賜與中有上方金銀器，皆刻工名，其間多有美所造者。又楊景

宗微時，常荷畚為丁晉公築第。後晉公敗，籍沒其家，以第賜景宗。二人

者，方其微賤時，一造上方器，一為宰相築第，安敢自期身饗其用哉。

舊制：天下貢舉人到闕。悉皆入對，數不下三千人，謂之群見。遠方士皆

未知朝廷儀範，班列紛錯，有司不能繩勒。見之日，先設禁圍於著位之前

，舉人皆拜於禁圍之外，蓋欲限其前列也。至有更相抱持，以望黼座者。

有司患之，近歲遂止令解頭入見，然尚不減數百人。嘉祐中。余忝在解頭

，別為一班，最在前列。目見班中唯從前一兩行稍應拜起之節，自余亦終

不成班綴而罷，每為閤門之累。常言殿庭中班列不可整齊者，唯有三色，

謂舉人、蕃人、駱駝。
兩浙田稅，畝三斗。錢氏國除，朝廷遣王方贄均

兩浙雜稅，方贄悉令畝出一鬥。使還，責擅減稅額，方贄以謂：「畝稅一

斗者，天下之通法。兩浙既已為王民，豈當復循偽國之法？」上從其就，

至今畝稅一斗者，自方贄始。唯江南、福建猶循舊額，蓋當時無人論列，

遂為永式。方贄尋除右司諫，終於京東轉運使。有五子：皋、準、覃、鞏

、罕。準之子珪，為宰相；其他亦多顯者。豈惠民之報歟？孫之翰，人

嘗與一硯，直三十千。孫曰：「硯有何異，而如此之價也？」客曰：「硯

以石潤為貴，此石呵之則水流。」孫曰：「一日呵得一擔水，才直三錢，

買此何用？」竟不受。
王荊公病喘，藥用紫團山人參，不可得。時薛師

政自河東還，適有之，贈公數兩，不受。人有勸公曰：「公之疾非此藥不

可治，疾可憂，藥不足辭。」公曰：「平生無紫團參，亦活到今日。」竟

不受。公面黧黑，門人憂之，以問醫。醫曰：「此垢汗，非疾也。」進澡

豆令公□面。公曰：「天生黑於予，澡豆其如予何！」王子野生平不茹

葷腥，居之甚安。
趙閱道為成都轉運使，出行部內。唯攜一琴一龜，坐

則看龜鼓琴。嘗過青城山，遇雪，捨於逆旅。逆旅之人不知其使者也，或

慢狎之。公頹然鼓琴不問。
淮南孔旻，隱居篤行，終身不仕，美節甚高

。嘗有竊其園中竹，旻愍其涉水冰寒，為架一小橋渡之。推此則其愛人可

知。然余聞之，莊子妻死，鼓盆而歌。妻死而不輟鼓可也，為其死而鼓之

，則不若不鼓之愈也。猶邴原耕而得金，擲之牆外，不若管寧不視之愈也

。
狄青為樞密使，有狄梁公之後，持梁公畫像及告身十餘通，詣青獻之

，以謂青之遠祖。青謝之曰：「一時遭際，安敢自比梁公？」厚有所贈而

還之。比之郭崇韜哭子儀之墓，青所得多矣。
郭進有材略，累有戰功。

嘗刺邢州，今邢州城乃進所築，其厚六丈，至今堅完；鎧仗精巧，以至封

貯亦有法度。進於城北治第，既成，聚族人賓客落之，下至土木之工皆與

。乃設諸工之席於東廡，群子之席於西廡。人或曰：「諸子安可與工徒齒

？」進指諸工曰：「此造宅者。」指諸子曰：「此賣宅者，固宜坐造宅者

下也。」進死，未幾果為他人所有。今資政殿學士陳彥升宅，乃進舊第東

南一隅也。
有一武人，忘其名，志樂閒放，而家甚貧。忽吟一詩曰：「

人生本無累，何必買山錢？」遂投檄去，至今致仕，尚康寧。 真宗皇帝

時，向文簡拜右僕射，麻下日，李昌武為翰林學士，當對。上謂之曰：「

朕自即位以來，未嘗除僕射，今日以命敏中，此殊命也，敏中應甚喜。」

對曰：「臣今自早候對，亦未知宣麻，不知敏中何如？」上曰：「敏中門

下，今日賀客必多。卿往觀之，明日卻對來，勿言朕意也。」昌武候丞相

歸，乃往見。丞相謝客，門闌，俏然已無一人。昌武與向親，逕入見之。

徐賀曰：「今日聞降麻，士大夫莫不歡慰，朝野相慶。」公但唯唯。又曰

：「自上即位，未嘗除端揆。此非常之命，自非勳德隆重，眷倚殊越，何

以至此？」公復唯唯，終未測其意，又歷陳前世為僕射者勳勞德業之盛，

禮命之重，公亦唯唯，卒無一言。既退，復使人至庖廚中，問「今日有無

親戚賓客、飲食宴會？」亦寂無一人，明日再對，上問：「昨日見敏中否

？」對曰：「見之。」「敏中之意何如？」乃具以所見對。上笑曰：「向

敏中大耐官職。」向文簡拜僕射年月，未曾考於國史，熙寧中，因見中書

題名記：天禧元年八月，敏中加右僕射。然密院題名記：天禧元年二月，

王欽若加僕射。
晏元獻公為童子時，張文節薦之於朝廷，召至闕下。適

值御試進士，便令公就試。公一見試題，曰：「臣十日前已作此賦，有賦

草尚在，乞別命題。」上極愛其不隱。及為館職時，天下無事，許臣寮擇

勝燕飲。當時侍從文館士大夫為燕集，以至市樓酒肆，往往皆供帳為游息

之地。公是時貧甚，不能出，獨家居，與昆弟講習。一日選東宮官，忽自

中批除晏殊。執政莫諭所因，次日進覆，上諭之曰：「近聞館閣臣寮，無

不嬉游燕賞，彌日繼夕。唯殊杜門，與兄弟讀書。如此謹厚，正可為東宮

官。」公既受命，得對，上面論除授之意，公語言質野，則曰：「臣非不

樂燕遊者，直以貧，無可為之。臣若有錢，亦須往，但無錢不能出耳。」

上益嘉其誠實，知事君體，眷注日深。仁宗朝，卒至大用。 寶元中，忠

穆王吏部為樞密使。河西首領趙元昊叛，上問邊備，輔臣皆不能對，明日

，樞密四人皆罷，忠穆謫虢州。翰林學士蘇公儀與忠穆善，出城見之。忠

穆謂公儀曰：「䂮之此行，前十年已有人言之。」公儀曰：「必術士也。

」忠穆曰：「非也。昔時為三司鹽鐵副使，疏決獄囚，至河北。是時曹南

院自陝西謫官初起為定帥。䂮至定，治事畢，瑋謂䂮曰：『決事已畢，自

此當還，明日願少留一日，欲有所言。』礹既愛其雄材，又聞欲有所言，

遂為之留，明日，具饌甚簡儉；食罷，屏左右曰：『公滿面權骨，不為樞

輔，即邊帥。或謂公當作相，則不然也。然不十年，必總樞柄。此時西方

當有警，公宜預講邊備，蒐閱人材，不然，無以應卒』。礹曰：『四境之

事，唯公知之，何以見教。』曹曰：『瑋實知之，今當為公言。瑋在陜西

日，河西趙德明嘗使人以馬博易於中國；怒其息微，欲殺之，莫可諫止。

德明有一子，方十餘歲，極諫不已，曰：「以戰馬資鄰國，已是失計；今

更以貨殺邊人，則誰肯為我用者？」瑋聞其言，私念之曰：「此子欲用其

人矣，是必有異志」聞其常往來互市中，瑋欲一識之，屢使人誘致之，不

可得。乃使善畫者圖形容，既至，觀之，真英物也。此子必須為邊患，計

其時節，正在公秉政之日。公其勉之。』礹是時殊未以為然。今知其所畫

，乃元昊也。皆如其言也。」四人：夏守渰、礹、陳執中、張觀。康定元

年二月，守渰加節度。罷為南院；礹、執中、觀各守本官罷。 石曼卿喜

豪飲，與布衣劉潛為友。嘗通判海州，劉潛來訪之，曼卿迎之於石闥堰，

與潛劇飲。中夜酒欲竭，顧船中有醋斗余，乃傾入酒中並飲之。至明日，

酒醋俱盡。每與客痛飲，露發跣足，著械而坐。謂之「囚飲」。飲於木杪

，謂之「巢飲」。以□束之，引首出飲，復就束，謂之「鱉飲」。其狂縱

大率如此。廨後為一庵，常臥其間，名之日「捫虱庵」。未嘗一日不醉。

仁宗愛其才，嘗對輔臣言，欲其戒酒，延年聞之。因不飲，遂成疾而卒。

工部胡侍郎則為邑日，丁晉公為遊客，見之。胡待之甚厚，丁因投詩索米

。明日，胡延晉公，常日所用樽罍悉屏去，但陶器而已，丁失望，以為厭

已，遂辭去。胡往見之，出銀一篋遺丁曰：「家素貧，唯此飲器，願以贐

行。」丁始諭設陶器之因，甚愧德之。後晉公驟達，極力推挽，卒至顯位

。慶歷中，諫官李兢坐言事，謫湖南物務。內殿承製范亢為黃、蔡間都監

，以言事官坐謫後多至顯官，乃悉傾家物，與兢辦行。兢至湖南，少日遂

卒。前輩有言：「人不可有意，有意即差。」事固不可前料也。 朱壽昌

，刑部朱侍郎巽之子。其母微，壽昌流落貧家，十餘歲方得歸，遂失母所

在。壽昌哀慕不已。及長，乃解官訪母，遍走四方，備歷艱難。見者莫不

憐之。聞佛書有水懺者，其說謂欲見父母者誦之，當獲所願。壽昌乃晝夜

誦持，仍刺血書懺，摹版印施於人，唯願見母。歷年甚多，忽一日至河中

府，遂得其母。相持慟絕，感動行路。乃迎以歸，事母至孝。復出從仕，

今為司農少卿。士人為之傳者數人，丞相荊公而下，皆有《朱孝子詩》數

百篇。
朝士劉廷式，本田家。鄰舍翁甚貧，有一女，約與廷式為婚。後

契闊數年，廷式讀書登科，歸鄉閭。訪鄰翁，而翁已死；女因病雙瞽，家

極困餓。廷式使人申前好，而女子之家辭以疾，仍以傭耕，不敢姻士大夫

。廷式堅不可，「與翁有約，豈可以翁死子疾而背之？」卒與成婚。閨門

極雍睦，其妻相攜而後能行，凡生數子。廷式嘗坐小譴，監司欲逐之，嘉

其有美行，遂為之闊略。其後廷式管干江州太平宮而妻死，哭之極哀。蘇

子瞻愛其義，為文以美之。
柳開少好任氣，大言凌物。應舉時，以文章

投主司於簾前，凡千軸，載以獨輪車；引試日，衣襴，自擁車以入，欲以

此駭眾取名。時張景能文，有名，唯袖一書，簾前獻之。主司大稱賞，擢

景優等。時人為之語曰：「柳開千軸，不如張景一書。

【卷十　人事二】

蔣堂侍郎為淮南轉運使日，屬縣例致賀冬至書，皆投書即還。有一縣令使

人，獨不肯去，須責回書；左右論之皆不聽，以至呵逐亦不去，曰：「寧

得罪；不得書，不敢回邑。」時蘇子美在坐，頗駭怪，曰：「皂隸如此野

很，其令可知。」蔣曰：「不然，令必健者，能使人不敢慢其命令如此。

」乃為一簡答之，方去。子美歸吳中月餘，得蔣書曰：「縣令果健者。」

遂為之延譽，後卒為名臣。或雲乃大章閣待制杜杞也。國子博士李余慶

知常州，強於政事，果於去惡，凶人惡吏，畏之如神，末年得疾甚困。有

州醫博士，多過惡，常懼為余慶所發，因其困，進利藥以毒之。服之洞洩

不已。勢已危，余慶察其奸；使人扶舁坐廳事，召醫博士，杖殺之。然後

歸臥，未及席而死。葬於橫山，人至今畏之，過墓者皆下。有病虐者，取

墓土著床席間，輒差。其敬憚之如此。
盛文肅為尚書右丞，知揚州，簡

重少所許可。時夏有章自建州司戶參軍授鄭州推官，過揚州，文肅驟稱其

才雅，明日置酒召之。人有謂有章日：「盛公未嘗燕過客，甚器重者方召

一飯。」有章荷其意，別日為一詩謝之，至客次，先使人持詩以入。公得

詩不發封，即還之，使人謝有章曰：「度已衰老，無用此詩。」不復得見

。有章殊不意，往見通判刁繹，具言所以。繹亦不諭其由，曰：「府公性

多忤，詩中得無激觸否？」有章曰：「無，未曾發封。」又曰：「無乃筆

扎不嚴？」曰：「有章自書，極嚴謹。」曰：「如此，必是將命者有所忤

耳。」乃往見文肅而問之：「夏有章今日獻詩何如？」公曰：「不曾讀，

已還之。」繹曰：「公始待有章甚厚，今乃不讀其詩，何也？」公日：「

始見其氣韻清修，謂必遠器。今封詩乃自稱『新圃田從事』，得一幕官，

遂爾輕脫。君但觀之，必止於此官，志已滿矣。切記之，他日可驗。」賈

文元時為參政，與有章有舊，乃薦為館職。有詔候到任一年召試，明年除

館閣校勘。御史發其舊事，遂寢奪，改差國子監主簿，仍帶鄭州推官。未

幾卒於京師。文肅閱人物多如此，不復挾他術。林逋隱居杭州孤山，常

畜兩鶴，縱之則飛入雲霄，盤旋久之，復入籠中。逋常泛小艇，游西湖諸

寺。有客至逋所居，則一童子出應門，延客坐，為開籠縱鶴。良久，逋必

棹小船而歸。蓋嘗以鶴飛為驗也。逋高逸倨傲，多所學，唯不能棋。常謂

人曰：「逋世間事皆能之，唯不能擔糞與著棋。」慶歷中，有近侍犯法

，罪不至死，執政以其情重，請殺之；范希文獨無言，退而謂同列曰：「

諸公勸人主法外殺近臣，一時雖快意，不宜教手滑。」諸公默然。 景祐

中，審刑院斷獄，有使臣何次公具獄。主判官方進呈，上忽問：「此人名

『次公』者何義？」主判官不能對，是時龐莊敏為殿中丞審判院詳議官，

從官長上殿乃越次對曰：「臣嘗讀《前漢書》，黃霸字次公，蓋以『霸』

次『王』也。，此人必慕黃霸之為人。」上頷之。異日復進讞，上顧知院

官問曰：「前時姓龐詳議官何故不來？」知院對：「任滿，已出外官。」

上遽指揮中書，與在京差遣，除三司檢法官，俄擢三司判官，慶歷中，遂

入相。

Volume 11-16

【卷十一　官政一】

世稱陳恕為三司使，改茶法，歲計幾增十倍。余為三司使時，考其籍，蓋

自景德中北戎入寇之後，河北糴便之法蕩盡，此後茶利十喪其九。恕在任

，值北虜講解，商人頓復，歲課遂增，雖雲十倍之多，考之尚未盈舊額。

至今稱道，蓋不虞之譽也。
世傳算茶有三說最便。三說者，皆謂見錢為

一說，犀牙、香藥為一說，茶為一說，深不然也。此乃三分法，其謂緣邊

入納糧草，其價折為三分，一分支見錢，一分折犀象雜貨，一分折茶爾，

後又有並折鹽為四分法，更改不一，皆非三說也。余在三司，求得三說舊

案。三說者，乃是三事：博糴為一說，便糴為一說，直便為一說。其謂之

「博糴」者，極邊糖草，歲入必欲足常額，每歲自三司拋數下庫務，先封

樁見錢、緊便錢、緊茶鈔。「緊便錢」謂水路商旅所便處，「緊茶鈔」謂

上三山場榷務。然後召人入中。「便糴」者，次邊糧草，商人先入中糧草

，乃詣京師算請慢便錢、慢茶鈔及雜貨。「慢便錢」謂道路貨易非便處，

「慢茶鈔」謂下三山場榷務。「直便」者，商人取便，於緣邊入納見錢，

於京師請領。三說，先博糴，數足，然後聽便糴及直便。以此商人競趨爭

先赴極邊博糴，故邊粟常先足，不為諸郡分裂，糧草之價，不能翔踴，諸

路稅課，亦皆盈衍，此良法也。余在三司，方欲講求，會左遷，不果建議

。

延州故豐林縣城，赫連勃勃所築，至今謂之赫連城。緊密如石，斸之

皆火出。其城不甚厚，但馬面極長且密。予親使人步之，馬面皆長四丈，

相去六七丈，以其馬面密，則城不須太厚，人力亦難兼也。余曾親見攻城

，若馬面長則可反射城下攻者，兼密則矢石相及，敵人至城下，則四面矢

石臨之。須使敵人不能到城下，乃為良法。今邊城雖厚，而馬面極短且疏

，若敵人可到城下，則城雖厚。終為危道。其間更多其角，謂之團敵，此

尤無益。全藉倚樓角以發矢石，以覆護城腳。但使敵人備處多，則自不可

存立。赫連之城，深可為法也。
劉晏掌南計，數百裡外物價高下，即日

知之。人有得晏一事，余在三司時，嘗行之於東南，每歲發運司和糴米於

郡縣，未知價之高下，須先具價申稟，然後視其貴賤，貴則寡取，賤則取

盈。盡得郡縣之價，方能契數行下，比至則粟價已增，所以常得貴。各得

其宜，已無極售。晏法則令多粟通途郡縣，以數十歲糴價與所糴粟數高下

，各類五等，具籍於主者。今屬發運司。粟價才定，更不申稟，即時廩收

，但第一價則糴五數，第五價即糴第一數，第二價則糴第四數，第四價即

糴第二數，乃即馳遞報發運司。如此，粟賤之地，自糴盡極數：其余節級

，各得其宜，已無極售。發運司仍會諸郡所糴之數計之，若過於多，則損

貴與遠者；尚少，則增賤與近者。自此粟價未嘗失時；各當本處豐儉，即

日知價。信皆有術。
舊校書官多不恤職事，但取舊書，以墨漫一字，復

注舊字於其側，以為日課。自置編校局，只得以朱圍之，仍於卷末書校官

姓名。
五代方鎮割據，多於舊賦之外，重取於民。國初悉皆蠲正，稅額

一定。其間有或重輕未均處，隨事均之。福、歙州稅額太重，福州則令以

錢二貫五百折納絹一疋，歙州輸官之絹止重數兩。太原府輸賦全除，乃以

減價糴糶補之。後人往往疑福、歙折絹太貴，太原折米太賤，蓋不見當時

均賦之意也。
夏秋沿納之物，如鹽麴錢之類，名件煩碎。慶歷中，有司

建議併合，歸一名以省帳鈔。程文簡為三司使，獨以謂仍舊為便，若沒其

舊名，異日不知。或再敷鹽麴，則致重復。此亦善慮事也。 近歲邢、壽

兩郡，各斷一獄，用法皆誤，為刑曹所駁。壽州有人殺妻之父母昆弟數口

，州司以不道，緣坐妻子。刑曹駁曰：「毆妻之父母，即是義絕，況其謀

殺。不當復坐其妻。」邢州有盜殺一家，其夫婦即時死，唯一子明日乃死

。其家財產戶絕法給出嫁親女。刑曹駁曰：「其家父母死時，其子尚生，

財產乃子物；出嫁親女，乃出嫁姐妹，不合有分。」此二事略同，一失於

生者，一失於死者。
深州舊治靖安，其地鹼滷。不可藝植，井泉悉是惡

滷。景德中，議遷州。時傅潛家在李晏，乃秦請遷州於李晏，今深州是也

。土之不毛，無以異於舊州，鹽鹼殆與土半，城郭朝補暮壞；至於薪芻，

亦資於他邑。唯胡盧水粗給居民，然原自外來，亦非邊城之利。舊州之北

，有安平、饒陽兩邑，田野饒沃，人物繁庶，正當徐村之口，與祁州、永

寧犬牙相望。不移州於此，而恤其私利，亟城李晏者，潛之罪也。 律云

：「免官者，三載之後，降先品二等敘。免所居官及官當者，期年之後，

降先品一等敘。」「降先品」者，謂免官二官皆免，則從未降之品降二等

敘之。「免所居官及官當，」止一官，故降未降之品一等敘之。今敘官乃

從見存之官更降一等者，誤曉律意也。
律累降雖多，各不得過四等。此

止法者，不徒為之，蓋有所礙，不得不止。據律，「更犯有歷任官者，仍

累降之；所降雖多，各不得過四等。」註：「各，謂二官各降，不在通計

之限。」二官，謂職事官、散官、衛官為一官；勳官為一官。二官各四等

，不得通計，乃是共降八等而止。余考其義，蓋除名敘法：正四品於正七

品下敘，從四品於正八品上敘，即是降先品九等。免官、官當若降五等，

則反重於除名，此不得不止也。此律今雖不用，然用法者須知立法之意，

則於新格無所抵梧。余檢正刑房公事日，曾遍詢老法官，無一人曉此意者

。

邊城守具中有戰棚，以長木抗於女牆之上，大體類敵樓，可以離合，

設之頃刻可就，以備倉卒城樓摧壞或無樓處受攻，則急張戰棚以監之。梁

侯景攻台城，為高樓以臨城，城上亦為樓以拒之，使壯士交槊，斗於樓上

，亦近此類。預備敵人，非倉卒可致。近歲邊臣有議，以謂既有敵樓，則

戰棚悉可廢省，恐講之未熟也。

鞠真卿守潤州，民有斗毆者，本罪之外

，別令先毆者出錢以與後應者。小人靳財，兼不憤輸錢於敵人，終日紛爭

，相視無敢先下手者。

曹州人趙諫嘗為小官，以罪廢，唯以錄人陰事控

制閭裡，無敢迕其意者。人畏之甚於寇盜，官司亦為其羈紲，俯仰取容而

已。兵部員外郎謝濤知曹州，盡得其凶跡，逮系有司，具前後巨蠹狀奏列

，章下御史府按治。奸贓狼籍，遂論棄市，曹人皆相賀。因此有「告不干

已事法」著於敕律。
驛傳舊有三等，日步遞、馬遞、急腳遞。急腳遞最

遽，日行四百裡，唯軍興則用之，熙寧中，又有金字牌急腳遞，如古之羽

檄也。以木牌朱漆黃金字，光明眩目，過如飛電，望之者無不避路，日行

五百余時。有軍前機速處分，則自御前發下，三省、樞密院莫得與也。

皇祐二年，吳中大饑，殍殣枕路，是時範文正領浙西，發粟及募民存餉，

為術甚備，吳人喜競渡，好為佛事。希文乃縱民競渡，太守日出宴於湖上

，自春至夏，居民空巷出游。又召諸佛寺主首，諭之曰：「饑歲工價至賤

，可以大興土木之役。」於是諸寺工作鼎興。又新敖倉吏捨，日役千夫。

監司奏劾杭州不恤荒政，嬉游不節，及公私興造，傷耗民力，文正乃自條

敘所以宴游及興造，皆欲以發有餘之財，以惠貧者。貿易飲食、工技服力

之人，仰食於公私者，日無慮數萬人。荒政之施，莫此為大。是歲，兩浙

唯杭州晏然，民不流徙，皆文正之惠也。歲饑發司農之粟，募民興利，近

歲遂著為令。既已恤饑，因之以成就民利，此先王之美澤也。 凡師行，

因糧於敵，最為急務。運糧不但多費。而勢難行遠。余嘗計之，人負米六

鬥，卒自攜五日乾糧，人餉一卒，一去可十八日：米六斗，人食日二升。

二人食之，十八日盡。若計復回，只可進九日。二人餉一卒，一去可二十

六日；米一石二鬥，三人食，日六升，八日，則一夫所負已盡，給六日糧

遣回。後十八日，二人食，日四升並糧。若計復回，止可進十三日。前八

日，日食六升。後五日並回程，日食四升並糧。三人餉一卒，一去可三十

一日；米一石八斗，前六日半，四人食，日八升。減一夫，給四日糧。十

七日，三人食，日六升。又減一夫，給九日糧。後十八日，二人食，日四

升並糧。計復回，止可進十六日。前六日半，日食八升。中七日，日食六

升，後十一日並回程，日食四升並糧。三人餉一卒，極矣，若興師十萬。

輜重三之一，止得駐戰之卒七萬人，已用三十萬人運糧，此外難復加矣。

放回運人，須有援卒。緣運行死亡疾病，人數稍減，且以所減之食，準援

卒所費。運糧之法，人負六斗，此以總數率之也。其間隊長不負，樵汲減

半，所余皆均在眾夫。更有死亡疾病者，所負之米，又以均之。則人所負

，常不啻六斗矣。故軍中不容冗食，一夫冗食，二三人餉之。尚或不足。

若以畜乘運之，則駝負三石，馬騾一石五鬥，驢一石。比之人遠，雖負多

而費寡，然芻牧不時，畜多瘦死。一畜死，則並所負棄之。較之人負，利

害相半。
忠、萬間夷人，祥符中嘗寇掠，邊臣苟務懷來，使人招其酋長

，祿之以券粟。自後有效而為之者，不得已，又以券招之。其間紛爭者，

至有自陳：「若某人，才殺掠若干人，遂得一券；我凡殺兵民數倍之多，

豈得亦以一券見給？」互相計校，為寇甚者，則受多券。熙寧中會之，前

後凡給四百余券，子孫相承，世世不絕。因其為盜，悉誅鉏之，罷其舊券

，一切不與。自是夷人畏威，不復犯塞。
慶歷中，河決北都商胡，久之

未塞，三司度支副使郭申錫親住董作。凡塞河決垂合，中間一埽，謂之「

合龍門」，功全在此。是時屢塞不合。時合楷門埽長六十步。有水工高超

者獻議，以謂埽身太長，人力不能壓，埽不至水底，礦河流不斷，而繩纜

多絕。今當以六十步為三節，每節埽長二十步，中間以索連屬之，先下第

一節，待其至底空壓第二、第三。舊工爭之，以為不可，云：「二十步埽

，不能斷漏。徒用三節，所費當倍，而決不塞。」超謂之曰：「第一埽水

信未斷，然勢必殺半。壓第二埽，止用半力，水縱未斷，不過小漏耳。第

三節乃平地施工，足以盡人力。處置三節既定，即上兩節自為濁泥所淤，

不煩人功。」申錫主前議，不聽超說。是時賈魏分帥北門，獨以超之言為

然，陰遣數千人於下流收漉流埽。既定而埽果流，而河決愈甚，申錫坐謫

。卒用超計，商胡方定。
鹽之品至多，前史所載，夷狄間自有十餘種；

中國所出，亦不減數十種。今公私能行者四種：一者「末鹽，」海鹽也，

河北、京、東、淮南、兩浙、江南東西、荊湖南北、福建、廣南東西十一

路食之。其次「顆鹽」，解州鹽澤及晉、絳、潞、澤所出，京幾、南京、

京西、陝西、河東、褒、劍等處食之。又次「井鹽」，鑿井取之，蓋、梓

、利、夔四路食之。又次「崖鹽」，生於土崖之間，階、成、鳳等州食之

。唯陝西路顆鹽有定課，歲為錢二百三十萬緡；自余盈虛不常，大約歲入

二千餘萬緡。唯末鹽歲自抄三百萬，供河北邊糴；其他皆給本處經費而已

。緣邊糴買仰給於度支者，河北則海、末鹽，河東、陝西則顆鹽及蜀茶為

多。運鹽之法，凡行百裡，陸運斤四錢，船運斤一錢，以此為率。 太常

博士李處厚知廬州慎縣，嘗有毆人死者，處厚往驗傷，以糟　灰湯之類薄

之，者無傷跡，有一老父求見曰：「邑之老書史也。知驗傷不見其跡，此

易辨也。以新赤油繖日中覆之，以水沃其屍，其跡必見。」處厚如其言，

傷跡宛然。自此江，淮之間官司往往用此法。 錢塘江，錢氏時為石堤，

堤外又植大木十餘行，謂之「滉柱」。寶元、康定間，人有獻議取滉柱，

可得良材數十萬。杭帥以為然。既而舊木出水，皆朽敗不可用。而滉柱一

空，石堤為洪濤所激，歲歲摧決。蓋昔人埋柱以折其怒勢，不與水爭力，

故江濤不能為患。杜偉長為轉運使，人有獻說，自浙江稅場以東，移退數

里為月堤，以避怒水。眾水工皆以為便，獨一老水工以為不然，密諭其黨

日：「移堤則歲無水患，若曹何所衣食？」眾人樂其利，乃從而和之。偉

長不悟其計，費以鉅萬，而江堤之害，仍歲有之。近年乃講月堤之利，濤

害稍稀。然猶不若涀柱之利，然所費至多，不復可為。陜西顆鹽，舊法

官自搬運，置務拘賣。兵部員外郎范祥始為鈔法，令商人就邊郡入錢四貫

八百售一鈔，至解池請鹽二百斤，任其私賣，得錢以實塞下，省數十郡搬

運之勞。異日輦車牛驢以鹽役死者，歲以萬計，冒禁抵罪者，不可勝數；

至此悉免。行之既久，鹽價時有低昂，又於京師置都鹽院，陜西轉運司自

遣官主之。京師食鹽，斤不足三十五錢，則斂而不發，以長鹽價；過四十

，則大發庫鹽，以壓商利。使鹽價有常，而鈔法有定數。行之數十年，至

今以為利也。
河北鹽法，太祖皇帝嘗降墨敕，聽民間買販，唯收稅錢，

不許官榷。其後有司屢請閉固，仁宗皇帝又有批詔云：「朕終不使河北百

姓常食貴鹽。」獻議者悉罷遺之。河北父老，皆掌中掬灰，藉火焚香，望

闕歡呼稱謝。熙寧中，復有獻謀者。余時在三司，求訪兩朝墨敕不獲，然

人人能誦其言，議亦竟寢。

【卷十二　官政二】

淮南漕渠，築埭以畜水，不知始於何時，舊傳召伯埭謝公所為。按李翺《

來南錄》，唐時猶是流水，不應謝公時已作此埭。天聖中，監真州排岸司

右禁陶鑒始議為復閘節水，以省舟船過埭之勞。是時工部郎中方仲荀、文

思使張綸為發運使、副，表行之，始為真州閘。歲省冗卒五百人，雜費百

二十五萬。運舟舊法，舟載米不過三百石。閘成，始為四百石船。其後所

載浸多，官船至七百石；私船受米八百余囊，囊二石。自後，北神、召伯

、龍舟、茱萸諸埭，相次廢革，至今為利。余元豐中過真州，江亭後糞壤

中見一臥石，乃胡武平為《水閘記》，略敘其事，而不甚詳具。 張杲卿

丞相知潤州日，有婦人夫出外數日不歸，忽有人報菜園井中有死人，婦人

驚往視之。號哭曰：「吾夫也。」遂以聞官。公令屬官集鄰里就井驗是其

夫與非，眾皆以井深不可辨，請出屍驗之。公曰：「眾皆不能辨，婦人獨

何以知其為夫？」收付所司鞫問，裡奸人殺其夫，婦人與聞其謀。慶歷

中，議弛茶鹽之禁及減商稅。範文正以為不可：茶鹽商稅之入，但分減商

賈之利耳，行於商賈未甚有害也；今國用未減，歲入不可闕，既不取之於

山澤及商賈，須取之於農。與其害農，孰若取之於商賈？今為計莫若先省

國用；國用有餘，當憲寬賦役；然後及商賈。弛禁非所當先也。其議遂寢

。

真宗皇帝南衙日，開封府十七縣皆以歲旱放稅，即有飛語聞上，欲有

所中傷。太宗不悅。御史探上意，皆露章言開封府放稅過實，有旨下京東

、西兩路諸州選官覆按。內亳州當按太康，鹹平兩縣。是時曾會知亳州，

王冀公在幕下，曾愛其識度，常以公相期之。至是遣冀公行，仍戒之曰：

「此行所系事體不輕，不宜小有高下。」冀公至兩邑，按行甚詳。其余抗

言放稅過多，追收所稅物，而冀公獨乞全放，人皆危之。明年，真宗即位

。首擢冀公為右正言，仍謂輔臣曰：「當此之時，朕亦自危懼。欽若小官

，敢獨為百姓伸理，此大臣節也。」自後進用超越，卒至入相。 國朝初

平江南，歲鑄七萬貫。自後稍增廣，至天聖中，歲鑄一百余萬貫。慶歷間

，至三百萬貫。熙寧六年以後，歲鑄銅鐵錢六百余萬貫。 天下吏人，素

無常祿，唯以受賕為生，往往致富者。熙寧三年，始制天下吏祿，而設重

法以絕請托之弊。是歲，京師諸司歲支吏祿錢三千八百三十四貫二百五十

四。歲歲增廣，至熙寧八年，歲支三十七萬一千五百三十三貫一百七十八

。自後增損不常皆不過此數，京師舊有祿者，及天下吏祿，皆不預此數。

國朝茶利，除官本及雜費外，淨入錢禁榷時取一年最中數，計一百九萬四

千九十三貫八百八十五，內六十四萬九千六十九貫茶淨利。賣茶，嘉祐二

年收十六萬四百三十一貫五百二十七，除元本及雜費外，得淨利十萬六千

九百五十七貫六百八十五。客茶交引錢，嘉祐三年，除元本及雜費外，得

淨利五十四萬二千一百一十一貫五百二十四。四十四萬五千二十四貫六百

七十茶稅錢。最中嘉祐元年所收數，除川茶錢在外。通商後來，取一年最

中數，計一百一十七萬五千一百四貫五百二十四。四十四萬五千二十四貫

九百一十九錢，內三十六萬九千七十二貫四百七十一錢茶租，嘉祐四年通

商，立定茶交引錢六十八萬四千三百二十一貫三百八十，後累經減放，至

治平二年，最中分收上數。八十萬六千三十二貫六百四十八錢茶稅。最中

治平三年，除川茶稅錢外會此數。
本朝茶法：乾德二祐年，始詔在京、

建州、漢、蘄口各置榷貨務。五年，始禁私賣茶，從不應為情理重。太平

興國二年，刪定禁法條貫，始立等科罪。淳化二年，令商賈就園戶買茶，

公於官場貼射，始行貼射法。淳化四年，初行交引，罷貼射法。西北入粟

，給交引，自通利軍始。是歲，罷諸處榷貨務，尋復依舊。至鹹平元年，

茶利錢以一百三十九萬二千一百一十九貫三百一十九為額。至嘉祐三年，

凡六十一年，用此額，官本雜費皆在內，中間時有增虧，歲入不常。鹹平

五年，三司使王嗣宗始立三分法，以十分茶價，四分給香藥，三分犀象，

三分茶引。六年，又改支六分香藥犀象，四分茶引。景德二年，許人入中

錢帛金銀，謂之三說。至祥符九年，茶引益輕，用知秦州曹瑋議，就永興

、鳳翔以官錢收買客引，以捄引價，前此累增加饒錢。至天禧二年，鎮戎

軍納大麥一鬥，本價通加饒，共支錢一貫二百五十四。乾興元年，改三分

法，支茶引三分，東南見錢二分半，香藥四分半。天聖元年，復行貼射法

，行之三年，茶利盡歸大商，官場但得黃晚惡茶，乃詔孫奭重議，罷貼射

法。明年，推治元議省吏、計覆官、旬獻等，皆決配沙門島；元詳定樞密

副使張鄧公、參知政事呂許公、魯肅簡各罰俸一月，御史中丞劉筠、入內

內侍省副都知周文質、西上閤門使薛昭廓、三部副使，各罰銅二十斤；前

三司使李諮落樞密直學士，依舊知洪州。皇祐三年，算茶依舊只用見錢。

至嘉祐四年二月五日，降敕罷茶禁。
國朝六榷貨務，十三山場，都賣茶

歲一千五十三萬三千七百四十七斤半，祖額錢二百二十五萬四千四十七貫

一十。其六榷貨務取最中，嘉祐六年抛占茶五百七十三萬六千七百八十六

斤半，祖額錢一百九十六萬四千六百四十七貫二百七十八：荊南府祖額錢

三十一萬五千一百四十八貫三百七十五，受納潭、鼎、澧、岳、歸、峽州

、荊南府片散茶共八十七萬五千三百五十七斤；漢陽軍祖額錢二十一萬八

千三百二十一貫五十一，受納鄂州片茶二十三萬八千三百斤半；蘄州蘄口

祖額錢三十五萬九千八百三十九貫八百一十四，受納潭、建州、興國軍片

茶五十萬斤；無為軍祖額錢三十四萬入千六百二十貫四百三十，受納潭、

筠、袁、池、饒、建、歙、江、洪州、南康、興國軍片散茶共八十四萬二

千三百三十三斤；真州祖額錢五十一萬四千二十二貫九百三十二，受納潭

、袁、池、饒、歙、建、撫、筠、宣、江、吉、洪州、興國、臨江、南康

軍片散茶共二百八十五萬六千二百六斤；海州祖額錢三十萬八千七百三貫

六百七十六，受納睦、湖、杭、越、衢、溫、婺、台、常、明饒、歙州片

散茶共四十二萬四千五百九十斤。十三山場祖額錢共二十八萬九千三百九

十九貫七百三十二，共買茶四百七十九萬六千九百六十一斤：光州光山場

買茶三十萬七千二百十六斤，賣錢一萬二千四百五十六貫；子安場買茶二

十二萬八千三十斤，賣錢一萬三千六百八十九貫三百四十八；商城場買茶

四十萬五百五十三斤，賣錢二萬七千七十九貫四百四十六；壽州麻步場買

茶三十三萬一千八百三十三斤，賣錢三萬四千八百一十一貫三百五十；霍

山場買茶五十三萬二千三百九斤，賣錢三萬五千五百九十五貫四百八十九

；開順場買茶二十六萬九千七十七斤，賣錢一萬七千一百三十貫；廬州王

同場買茶二十九萬七千三百二十八斤，賣錢一萬四三百五十七貫六百四十

二；黃州麻城場買茶二十八萬四千二百七十四斤，賣錢一萬二千五百四十

貫；舒州羅源場買茶一十八萬五千八十二斤，賣錢一萬四百六十九貫七百

八十五；大湖場買茶八十二萬九千三十二斤，賣錢三萬六千九十六貫六百

八十；蘄州洗馬場買茶四十萬斤，賣錢二萬六千三百六十貫；王祺場買茶

一十八萬二千二百二十七斤，賣錢一萬一千九百五十三貫九百九十二；石

橋場買茶五十五萬斤，賣錢三萬六千八十貫。
發運司歲供京師米，以六

百萬石為額：淮南一百三十萬石，江南東路九十九萬一千一百石，江南西

路一百二十萬八千九百石，荊湖南路六十五萬石，荊湖北路三十五萬石，

兩浙路一百五十萬石，通余羨歲入六百二十萬石。熙寧中，廢並天下州

縣。迄八年，凡廢州、軍、監三十一：儀、滑、慈、鄭、集、萬、乾、儋

、南儀、復、蒙、春、陵、憲、遼、竇、壁、梅、漢陽、通利、寧化、光

化、清平、永康、荊門、廣濟、高郵、江陰、富順、漣水、宣化。廢縣一

百二十七：晉州、趙城。杭州、南新。普州、普康。磁州、昭德。華州、

渭南。德州、德平。陵州、貴平、籍縣。忠州、桂溪。兗州、鄒縣。廣州

、信安、四會。陝府、胡城。峽石。河中、河西、永樂。巴州、七盤、其

章。坊州、升平、春州、銅陵。北京、大名、洹水、經城、永濟。莫州、

鄚、長豐。梧州、戎城。邛州、臨溪。梓州、永泰。河陽、汜水。滄州、

饒安、臨津。融州、武陽、羅城。像州、武化。歸州、興山。汝州、龍興

。懷州、脩武、武陟。道州、營道。慶州、樂幡、華池。瀛州、束城、景

城。順安、高陽。澶州、頓丘。洺州、曲周、臨洺。丹州、雲巖、汾川。

潞州、黎城。瓊州、捨城。火山、火山。橫州、永定。宜州、古陽、禮丹

、金城、述昆。汾州、孝義。延州、金明、豐林、延水。太原、平晉。隨

州、光化。邢州、堯山、任縣、平鄉。秦州、長道。達州、三山、石鼓、

蜀。揚州、廣陵。趙州、柏平、柏鄉、贊皇。雅州、百丈、榮經。祁州、

保澤。同州、夏陽。嘉州、平羌。河南、洛陽、福昌、穎陽、緱氏、伊闕

。濱州、相安。慈州、文城、吉鄉。成都、犀浦。戎州，宜賓。綿州，高

昌。榮州、公井。寧化、寧化。乾寧、乾寧。真寧、靈壽、井陘。荊南、

建寧、支江。辰州、麻陽、招化。陳州、南頓。桂州、脩仁、永寧。安州

、雲夢。忻州、定襄。劍門關、劍門。漢陽、漢川。恩州、清陽。熙州、

狄道。河州、枹罕。衛州、新鄉、衛。渝州、南川。虢州、玉城。果州、

流溪。利州、平蜀。許州、許田。岢嵐、嵐石。蓬州、蓬山、良山、冀州

、新珂。涪州、溫山、閬州、晉安、岐平、復州、王涉。潤州。延陵。

【卷十三　權智】

陵州鹽井，深五百余尺，皆石也。上下甚寬廣，獨中間稍狹，謂之杖鼓腰

。舊自吉底用柏木為榦，上出井口，自木榦垂綆而下，方能至水。井側設

大車絞之。歲久，井榦摧敗，屢欲新之，而井中陰氣襲人，入者輒死，無

緣措手。惟侯有雨入井，則陰氣隨雨而下，稍可施工，雨晴復止。後有人

以一木盤，滿中貯水，盤底為小竅，釃水一如雨點，設於井上，謂之雨盤

，令水下終日不絕。如此數月，井榦為之一新，而陵井之利復舊。世人

以竹、木、牙、骨之類為叫子，置人喉中吹之，能作人言，謂之「顙叫子

」。嘗有病瘖者，為人所若，煩冤無以自言。聽訟者試取叫子令顙之，作

聲如傀儡子。粗能辨其一二，其冤獲申。此亦可記也。《莊子》曰：「

畜虎者不與全物、生物。」此為誠言。嘗有人善調山鷓，使之鬥，莫可與

敵。人有得其術者，每食則以山鷓皮裹肉哺之，久之，望見其鷓，則欲搏

而食之。此以所養移其性也。
寶元中，黨項犯塞，時新募萬勝軍，未習

戰陳，遇寇多北。狄青為將，一日盡取萬勝旗付虎翼軍，使之出戰。虜望

其旗，易之，全軍徑趨，為虎翼所破，殆無遺類。又青在涇、原，嘗以寡

當眾，度必以奇勝。預戒軍中，盡捨弓弩，皆執短兵器。令軍中：聞鉦一

聲則止；再聲則嚴陣而陽卻；鉦聲止則大呼而突之。士卒皆如其教。才遇

敵，未接戰，遽聲鉦，士卒皆止；再聲，皆卻。虜人大笑，相謂曰：「孰

謂狄天使勇？」時虜人謂青為「天使」鉦聲止，忽前突之，虜兵大亂，相

蹂踐死者，不可勝計也。
狄青為樞密副使，宣撫廣西。時儂智高崑崙關

。青至賓州，值上元節，令大張燈燭，首夜燕將佐，次夜燕從軍官，三夜

饗軍校。首夜樂飲徹曉。次夜二鼓時，青忽稱疾，暫起如內。久之，使人

諭孫元規，令暫主席行酒，少服藥乃出，數使人勸勞座客，至曉，各未敢

退。忽有馳報者雲，是夜三鼓，青已奪崑崙矣。
曹南院知鎮戎軍日，嘗

出戰爭小捷，虜兵引去。瑋偵虜兵起遠，乃驅所掠牛羊輜重，緩驅而還，

頗失部伍。其下憂之，言於瑋曰：「牛羊無用，徒縻軍，若棄之，整眾而

歸。」瑋不答，使人侯。虜兵去數十里，聞瑋利牛羊而師不整，遽襲之。

瑋愈緩，行得地利處，乃止以待之。虜軍將至近，使人謂之曰：「蕃軍遠

來，幾甚疲。我不欲乘人之怠，請休憩士馬，少選決戰。」虜方苦疲甚，

皆欣然，嚴軍歇良久。瑋又使人諭之：「歇定可相馳矣。」於是各鼓軍而

進一戰大破虜師，遂棄牛羊而還。徐謂其下曰：「吾知虜已疲，故為貪利

認誘之。此其復來，幾行百裡矣，若乘銳便戰，猶有勝負。遠行之人若小

憩，則足痺不能立，人氣亦闌，吾以此取之。」余友人有任術者，嘗為

延州臨真尉，攜家出宜秋門。是時茶禁甚嚴。家人懷越茶數斤，稠人中馬

驚，茶忽墜地。其人陽驚，回身以鞭指城門鴟尾。市人莫測，皆隨鞭所指

望之，茶囊已碎於埃壤矣。監司嘗使治地訟，其地多山，巇不可登，由此

數為訟者所欺。乃呼訟者告之曰：「吾不忍盡爾，當貰爾半。爾所有之地

，兩畝止供一畝，慎不可欺，欺則盡覆入官矣。」民信之，盡其所有供半

。既而指一處覆之，文致其參差處，責之曰：「我戒爾無得欺，何為見負

？今盡入爾田矣。」凡供一畝者，悉作兩畝收之，更無一犁得隱者。其權

數多此類。其為人強毅恢廓，亦一時之豪也。
王元澤數歲時，客有以一

獐一鹿同籠以問雱：「何者是獐，何者是鹿？」雱實未識，良久對曰：「

獐邊者是鹿，鹿邊者是獐。」客大奇之。
濠州定遠縣一弓手，善用矛，

遠近皆伏其能。有一偷，亦善擊刺，常蔑視官軍，唯與此弓手不相下，曰

：「見必與之決生死。」一日，弓手者因事至村步，適值偷在市飲灑，勢

不可避，遂曳矛而鬥。觀者如堵牆。久之，各未能進。弓手者忽謂偷曰：

「尉至矣。我與爾皆健者，汝敢與我尉馬前決生死乎？」偷曰：「喏。」

弓手應聲刺之，一舉而斃，蓋乘其隙也。又有人曾遇強寇鬥，矛刃方接，

寇先含水滿口，噀其面。其人愕然，刃已揕胸。後有一壯士復與寇遇，已

先知□水之事。寇復用之，水才出口，矛已洞頸。蓋已陳芻狗，其機已洩

，恃勝失備，反受其害。
陝西因洪水下大石，塞山澗中，水遂橫流為害

。石之大有如屋者，人力不能去，州縣患之。雷簡夫為縣令，乃使人各於

石下穿一穴，度如石大，挽石人穴窨之，水患遂息也。
熙寧中，高麗人

貢，所經州縣，悉要地圖，所至皆造送，山川道路，形勢險易，無不備載

，至揚州，牒州取地圖。是時丞相陳秀公守揚，紿使者欲盡見兩浙所供供

圖，仿其規模供造。及圖至，都聚而焚之，具以事聞。狄青戍涇原日，

嘗與虜戰，大勝，追奔數里。虜忽壅遏山踴，知其前必遇險。士卒皆欲奮

擊。青遽鳴鉦止之，虜得引去。驗其處，果臨深澗，將佐皆悔不擊。青獨

曰：「不然。奔亡之虜，忽止而拒我，安知非謀？軍已大勝，殘寇不足利

，得之無所加重；萬一落其術中，存亡不可知。寧悔不擊，不可悔不止。

」青後平嶺寇，賊帥儂智高兵敗奔邕州，其下皆欲窮其窟穴。青亦不從，

以謂趨利乘勢，入不測之城，非大將軍。智高因而獲免。天下皆罪青不入

邕州，脫智高於垂死。然青之用兵，主勝而已。不求奇功，故未嘗大敗。

計功最多，卒為名將。譬如弈棋，已勝敵可止矣，然猶攻擊不已，往往大

敗。此青之所戒也，臨利而能戒，乃青之過人處也。瓦橋關北與遼人為

鄰，素無關河為陰。往歲六宅使何承矩守瓦橋，始議因陂澤之地，瀦水為

塞。欲自相視，恐其謀洩。日會僚佐，泛船置酒賞蓼花，作《蓼花游》數

十篇，令座客屬和；畫以為圖，傳至京師，人莫喻其意。自此始壅諸淀。

慶歷中，內侍楊懷敏復踵為之。至熙寧中，又開徐村、柳莊等濼，皆以徐

、鮑、沙、唐等河、叫猴、雞距、五眼等泉為之原，東合滹沱、漳、淇、

易、白等水並大河。於是自保州西北沈遠濼，東盡滄州泥枯海口，幾八百

裡，悉為瀦潦，闊者有及六十里者，至今倚為藩籬。或謂侵蝕民田，歲失

邊粟之入，此殊不然。深、冀、滄、瀛間、惟大河、滹沱，漳水所淤，方

為美田；淤淀不至處，悉是斥鹵，不可種藝。異日惟是聚集游民，亂鹼煮

鹽，頗干鹽禁，時為寇盜。自為瀦濼，奸鹽遂少。而魚蟹菰葦之利，人亦

賴之。
浙帥錢鏐時，宣州叛卒五千餘人送款，錢氏納之，以為腹心。時

羅隱在其幕下，屢諫，以謂敵國之人，不呆輕信；浙帥不聽，杭州新治城

堞，樓櫓甚盛，浙帥攜寮客觀之。隱指卻敵，佯不曉曰：「設此何用？」

浙帥曰：「君豈不知欲備敵邪！」隱謬曰：「審如是，何不向裡設之？」

浙帥大笑曰：「本欲拒敵，設於內何用？」對曰：「以隱所見，正當設於

內耳。」蓋指宣卒將為敵也，後浙帥巡衣錦城，武勇指揮使徐綰、許再思

挾宣卒為亂，火青山鎮，入攻中城。賴城中有備，綰等尋販，幾於覆國。

淳化中，李繼捧為定難軍節度使，陰與其弟繼遷謀叛，朝廷遣李繼隆率兵

討之。繼隆馳至克胡，度河入延福縣，自鐵茄驛夜入綏州，謀其所向。繼

隆欲徑襲夏州。或以夏州賊帥所在，我兵少，恐不能克，不若先據石堡，

以觀賊勢。繼隆以為不然，曰：「我兵既少，若徑入夏州，出其不意，彼

亦未能料我眾寡。若先據石堡，眾寡已露，豈復能進？」乃引兵馳入撫寧

縣，繼捧猶未知，遂進攻夏州。斷捧狼狽出迎，擒之以歸。撫寧舊治無定

河川中，數為虜所危。繼隆乃遷縣於滴水崖在舊縣之北十餘里，皆石崖，

峭拔十餘丈，下臨無水，今謂之羅瓦城者是也。熙寧中所治撫寧城，乃撫

寧舊城耳。本道圖牒皆不載，唯李繼隆《西征記》言之甚詳也。 熙寧中

，黨項母梁氏引兵犯慶州大順城。慶帥遣別將林廣拒守，虜圍不解。廣使

城兵皆以弱弓弩射之。虜度其勢之所及，稍稍近城，乃易強弓勁弩叢射。

虜多死，遂相擁而潰。
蘇州至昆山縣凡六十里，皆淺水，無陸途，民頗

病涉。久欲為長堤，但蘇州皆澤國，無處求土。嘉祐中，人有獻計，就水

中以蘧篨蒢為牆，栽兩行，相去三尺。去牆六丈又為一牆，亦如此。漉水

中淤泥實蘧蒢中，候干，則以水車畎去兩牆之間舊水。牆間六丈皆土，留

其半以為堤腳，掘其半為渠，取土以為堤，每三四里則為一橋，以通南北

之水。不日堤成，至今為利。
李允則守雄州，北門外民居極多，城中地

窄，欲展北城，而以遼人通好，恐其生事，門外舊有東岳行宮，允則以銀

為大香爐，陳於廟中，故不設備。一日，銀爐為盜所攘，乃大出募賞，所

在張榜，捕賊甚急。久之不獲，遂聲言廟中屢遭寇，課夫築牆圍之。其實

展北城也，不逾旬而就，虜人亦不怪之，則今雄州北關城是也。大都軍中

詐謀，未必皆奇策，但當時偶能欺敵，而成奇功。時人有語云：「用得著

，敵人休；用不著，自家羞。」斯言誠然。
陳述古密直知建州浦城縣日

，有人失物，捕得莫知的為盜者。述古乃紿之曰：「某廟有一鐘，能辨盜

，至靈！」使人迎置後閣祠之，引群囚立鐘前，自陳不為盜者，摸之則無

聲；為盜者摸之則有聲。述古自率同職，禱鐘甚肅，祭訖，以帷帷之，乃

陰使人以墨塗鐘，良久，引囚逐一令引手入帷摸之，出乃驗其手，皆有墨

。唯有一囚無墨，訊之，遂承為盜。蓋恐鐘有聲，不敢摸也。此亦古之法

，出於小說。
熙寧中，濉陽界中發汴堤淤田，汴水暴至，堤防頗壞陷，

將毀，人力不可制。都水丞侯叔獻時涖其役，相視其上數十里有一古城，

急發汴堤注水入古城中，下流遂涸，急使人治堤陷。次日，古城中水盈，

汴流復行，而堤陷已完矣，徐塞古城所決，內外之水，平而不流，瞬息可

塞，眾皆伏其機敏。
寶元中，黨項犯邊，有明珠族首領驍悍，最為邊患

。種世衡為將，欲以計擒之。聞其好擊鼓，乃造一馬，持戰鼓，以銀裹之

，極華煥，密使諜者陽賣之入明珠族。後乃擇驍卒數百人，戒之曰：「凡

見負銀鼓自隨者，並力擒之。」一日，羌酋負鼓而出，遂為世衡所擒，又

元昊之臣野利，常為謀主，守天都山，號天都大王，與元昊乳母白姥有隙

。歲除日，野利引兵巡邊，深涉漢境數宿，白姥乘間乃譖其欲叛，元昊疑

之。世衡嘗和蕃酋之子蘇吃曩，厚遇之。聞元昊嘗賜野利寶刀，而吃曩之

父得幸於野利。世衡因使吃曩竊野利刀，許之以緣邊職任、錦袍、真金帶

。吃曩得刀以還。世衡乃唱言野利已為白姥譖死，設祭境上，為祭文，敘

歲除日相見之歡。入夜，乃火燒紙錢，川中盡明，虜見火光，引騎近邊窺

覘，乃佯委祭具，而銀器凡千餘兩悉棄之。虜人爭取器皿，得元昊所賜刀

，乃火爐中見祭文已燒盡，但存數十字。元昊得之，又識其所賜刀，遂賜

野利死。野利有大功，死不以罪，自此君臣猜貳，以至不能軍。平夏之功

，世衡計謀居多，當時人未甚知之。世衡卒，乃錄其功，贈觀察使。

【卷十四　藝文一】

歐陽文忠常愛林逋詩「草泥行郭索，雲木叫鉤輈」之句，文忠以謂語新而

屬對新切。鉤輈，鷓鴣聲也，李群玉詩云：「方穿詰曲崎嶇路，又聽鉤輈

格磔聲。」郭索，蟹行貌也。揚雄《太玄》曰：「蟹之郭索，用心躁也。

」
韓退之集中《羅池神碑銘》有「春與猿吟兮秋與鶴飛」，今驗石刻，

乃「春與猿吟兮秋鶴與飛。」古人多用此格，如《楚詞》：「吉日兮辰良

」，又「蕙餚蒸兮蘭藉，奠桂酒兮椒漿。」蓋欲相錯成文，則語勢矯健耳

。杜子美詩：「紅飯啄余鸚鵡粒，碧梧棲老鳳凰枝。」此亦語反而意全。

韓退之《雪詩》：「舞鏡鸞窺沼，行天馬度橋。」亦效此體，然稍牽強，

不若前人之語渾成也。
唐人作富貴詩，多紀其奉養器服之盛，乃貧眼所

驚耳，如貫休《富貴曲》云：「刻成箏柱雁相挨。」此下裡鬻彈者皆有之

，何足道哉！又韋楚老《蚊詩》云：「十幅紅綃圍夜玉。」十幅紅綃為帳

，方不及四五尺，不知如何伸腳？此所謂不曾近富兒家。詩人以詩主人

物，礦雖小詩，莫不埏蹂極工而後已。所謂旬鍛月煉者，信非虛言。小說

崔護《題城南詩》，其始曰：「去年今日此門中，人面桃花相映紅。人面

不知何處去，桃花依舊笑春風。」後以其意未全，語未工，改第三句曰：

「人面只今何處在。」至今傳此兩本，唯《本事詩》作「只今何處在。」

唐人工詩，大率多如此，雖有兩「今」字，不恤也，取語意為主耳，後人

以其有兩「今」字，只多行前篇。
書之闕誤，有可見於他書者。如《詩

》：「天夭是椓。」《後漢蔡邕傳》作「夭夭是加」，與「速速方穀」為

對。又「彼岨矣岐，有夷之行。」《朱浮傳》作「彼擾者岐，有夷之行。

。」《坊記》：「君子之道，譬則坊焉。」《大戴禮》：「君子之道，譬

擾坊焉。」《夬卦》：「君子以施祿及下，居德則忌。」王輔嗣曰：「居

德而明禁。」乃以「則」字為「明」字也。
音韻之學，自沈約為四聲，

及天竺梵學入中國，其術漸密。觀古人諧聲，有不可解者。如玖字、有字

多與李字協用；慶字、正字多與章字、平字協用。如《詩》「或群或友，

以燕天子」；「彼留之子，貽我佩玖」；「投我以木李，報之以瓊玖」；

「終三十裡，十千維耦」；「自今而後，歲其有，君子有穀，貽孫子」；

「陟降左右，令聞不已」；「膳夫左右，無不能止」；「魚麗於罶，□鯉

，君子有酒，旨且有。」如此極多。又如：「孝孫有慶，萬壽無疆；」；

「黍稷稻粱，農夫之慶」；「唯其有章矣，是以有慶矣」；「則篤其慶，

載錫之光」；「我田既藏，農夫之慶」；「萬舞洋洋，孝孫有慶」；《易

》云「西南得朋，乃與類行；東北喪朋，乃終有慶」；「積善之家，必有

餘慶；積不善之家，必有餘殃」；班固《東都賦》「彰皇德兮侔周成，永

延長兮膺天慶」。如此亦多。今《廣韻》中慶一音卿。然如《詩》之「未

見君子，憂心怲怲；既得君子，庶幾式臧」；「誰秉國成，卒勞百姓；我

王不寧，覆怨其正」；亦是怲、正與寧、平協用，不止慶而已。恐別有理

也。
小律詩雖末技，工之不造微。不足以名家。故唐人皆盡一生之業為

之，至於字字皆煉，得之甚難。但患觀者滅裂，則不見其工，故不唯為之

難，知音亦鮮。設有苦心得之者，未必為人所知。若字字是，皆無瑕可指

。語意亦掞麗，但細論無功，景意縱全，一讀便盡，更無可諷味。此類最

易為人激賞，乃詩之《折楊》《黃華》也。譬若三館楷書作字，不可謂不

精不麗；求其佳處，到死無一筆，此病最難為醫也。 王聖美治字學，演

其義以為右文。古之字書，皆從左文。凡字，其類在左，其義在右。如木

類，其左皆從木。所謂右文者，如戔，小也，水之小者曰淺，金之小者曰

錢，歹而小者曰殘，貝之小者曰賤。如此之類，皆以戔為義也。 王聖美

為縣令時，尚未知名，謁一達官，值其方與客談《孟子》，殊不顧聖美。

聖美竊哂其所論。久之，忽顧聖美曰：「嘗讀《孟子》否？」聖美對曰：

「本生愛之，但都不曉其義。」主人問：「不曉何義？」聖美曰：「從頭

不曉。」主人曰：「如何從頭不曉？試言之。」聖美曰：「『孟子見梁惠

王』，已不曉此語。」達官深訝之，曰：「此有何奧義？」聖美曰：「既

雲孟子不見諸侯，因何見梁惠王？」其人愕然無對。 楊大年奏事，論及

《比紅兒詩》，大年不能對，甚以為恨。遍訪《比紅兒詩》，終不可得。

忽一日，見鬻故書者有一小編，偶取視之，乃《比紅兒詩》也。自此士大

夫始多傳之。予按《摭言》，《比紅兒詩》乃羅虯所為，凡百篇，蓋當時

但傳其詩而不載名氏，大年亦偶忘《摭言》所載。晚唐士人專以小詩著名

，而讀書滅裂。如白樂天《題座隅詩》云：「俱化為餓殍。」作孚字押韻

。杜牧《杜秋娘詩》云：「厭飫不能飴。」飴乃餳耳，若作飲食，當音飼

。又陸龜蒙作《藥名詩》云：「烏吸蠹根回。」乃是烏喙，非烏啄也。又

「斷續玉琴哀」，藥名止有續斷，無斷續。此類極多。如杜牧《阿房宮賦

》誤用「龍見而雩」事，宇文時斛斯椿已有此繆，蓋牧未嘗讀《周》、《

隋書》也。
往歲士人多尚對偶為文。穆修、張景輩始為平文，當時謂之

古文。穆、張嘗同造朝，待旦於東華門外，方論文次，適見有奔馬踐死一

犬，二人各記其事，以較工拙。穆修曰：「馬逸，有黃犬遇蹄而斃。」張

景曰：「有犬死奔馬之下。」時文體新變，二人之語皆拙澀。當時已謂之

工，傳之至今。
按《史記年表》，周平王東遷二年，魯惠公方即位。則

《春秋》當始惠公，而始隱，故諸儒之論紛然，乃《春秋》開卷第一義也

。唯啖、趙都不解始隱之義，學者常疑之。唯於《纂例》隱公下注八字云

：「惠公二年，平王東遷。」若爾，則《春秋》自合始隱，更無可論，此

啖、趙所以不論也。然與《史記》不同，不知啖、趙得於何書？又嘗見士

人石端集一紀年書，考論諸家年統，極為詳密。其敘平王東遷，亦在惠公

二年。余得之甚喜，亟問石君，雲出一史傳中。遽檢未得，終未見的據。

《史記年表》注東遷在平王元年辛未歲，《本紀》中都無說，《諸侯世家

》言東遷卻盡在庚午歲。
《史記》亦自差謬，莫知其所的。 長安慈恩寺

塔，有唐人盧宗回一詩頗佳，唐人諸集中不載，今記於此：「東來曉日上

翔鸞，西轉蒼龍拂露盤。渭水冷光搖藻井，玉峰晴色墮闌竿。九重宮闕參

差見，百二山河表裡觀。暫輟去蓬悲不定，一憑金界望長安。」 古人詩

有「風定花猶落」之句，以謂無人能對。王荊公以對「鳥鳴山更幽」。「

鳥鳴山更幽」本宋王籍詩，元對「蟬噪林逾靜，鳥鳴山更幽」，上下句只

是一意；「風定花猶落，鳥鳴山更幽」則上句乃靜中有動，下句動中有靜

。荊公始為集句詩，多者至百韻，皆集合前人之句，語意對偶，往往親切

，過於本詩。後人稍稍有效而為者。
歐陽文忠嘗言曰：「觀人題壁，而

可知其文章矣。」
毗陵郡士人家有一女，姓李氏，方年十六歲，頗能詩

，甚有佳句，吳人多得之。有《拾得破錢詩》云：「半輪殘月掩塵埃，依

稀猶有開元字。想得清光未破時，買盡人間不平事。」又有《彈琴詩》云

：「昔年剛笑卓文君，豈信絲桐解誤身。今日未彈心已亂，此心元自不由

人。」雖有情致，乃非女子所宜也。
退之《城南聯句》首句曰：「竹影

金鎖碎。」所謂金鎖碎者，乃日光耳，非竹影也。若題中有日字，則曰「

竹影金鎖碎」可也。

【卷十五　藝文二】

切韻之學，本出於西域。漢人訓字，止曰「讀如某字」，未用反切。然古

語已有二聲合為一字者，如「不可」為「叵」，「何不」為「盍」，「如

是」為「爾」，「而已」為「耳」「之乎」為「諸」之類，以西域二合之

音，蓋切字之原也。如「朿」字文從而、犬，亦切音也。殆與聲俱生，莫

知從來。今切韻之法，先類其字，各歸其母，唇音、舌音各八，牙音、喉

音各四，齒音十，半齒半舌音二，凡三十六，分為五音，天下之聲總於是

矣。每聲復有四等，謂清、次清、濁、平也，如顛、天、田、年、邦、胮

、龐、厖之類是也。皆得之自然，非人為之。如幫字橫調之為五音，幫、

當、剛、臧、央是也。幫，宮之清。當，商之清。剛，角之清。藏，徵之

清。央，羽之清。縱調之為四等，幫、滂、傍、茫是也。幫，宮之清。滂

，宮之次清。傍，宮之濁。茫，宮之不清不濁。就本音本等調之為四聲，

幫、牓傍、博是也。幫，宮清之平。牓宮清之上，傍，宮清之去，博，宮

清之入。四等之聲，多有聲無字者，如封、峰、逢，止有三字；邕、胸，

止有兩字；竦，火，欲，以，皆止有一字。五音亦然，滂、湯、康、蒼，

止有四字。四聲，則有無聲，亦有無字者。如「蕭」字、「餚」字，全韻

皆無入聲。此皆聲之類也。所謂切韻者，上字為切，下字為韻。切須歸本

母，韻須歸本等。切歸本母，謂之音和，如德紅為東之類，德與東同一母

也。字有重、中重、輕、中輕。本等聲盡泛入別等，謂之類隔。雖隔等，

須以其類，謂唇與唇類，齒與齒類，如武延為綿、符兵為平之類是也。韻

歸本等，如冬與東字母皆屬端字，冬乃端字中第一等聲，故都宗切，宗字

第一等韻也。以其歸精字，故精徵音第一等聲；東字乃端字中第三等聲，

故德紅切，紅字第三等韻也，以其歸匣字，故匣羽音第三等聲。又有互用

借聲。類例頗多。大都自沈約為四聲，音韻愈密。然梵學則有華、竺之異

，南渡之後，又雜以吳音，故音韻厖駁，師法多門。至於所分五音，法亦

不一。如樂家所用，則隨律命之，本無定音，常以濁者為宮，稍清為商，

最清為角，清濁不常為徵，羽。切韻家則定以唇、齒、牙、舌、喉為宮、

商、角、徵、羽。其間雙有半徵、半商者，如來、日二字是也。皆不論清

濁。五行家則以韻類清濁參配，今五姓是也。梵學則喉、牙、齒、舌、唇

之外，又有折、攝二聲。折聲自臍輪起至唇上發。如□浮金反。字之類是

也。攝字鼻音，如歆字鼻中發之類是也。字母則有四十二，曰阿、多、波

、者、那、囉、拖、婆、茶、沙、最、哆、也、瑟吒、二合。迦、娑、麼

、伽、他、社、鎖、呼、拖、前一拖輕呼，此一拖重呼。奢、佉、叉、二

合。娑多、二合。壤、曷拏多、二合。婆、上聲。車、娑麼、二合。訶婆

、縒、伽、上聲。吒、拏娑頗、二合。娑迦、二合。也娑、二合。室者、

二合。佗、陀。為法不同，各有理致。雖先王所不言，然不害有此理。歷

世浸久，學者日深，自當造微耳。
幽州僧行均集佛書中字為切韻訓詁，

凡十六萬字，分四卷，號《龍龕手鏡》，燕僧智光為之序，甚有詞辯。契

丹重熙二年集。契丹書禁甚嚴，傳入中國者法皆死。熙寧中有人自虜中得

之，入傅欽之家。蒲傳正帥浙西，取以鏤版。其序末舊云：「重熙二年五

月序。」蒲公削去之。觀其字音韻次序，皆有理法，後世殆不以其為燕人

也。
古人文章，自應律度，未以音韻為主。自沈約增崇韻學，其論文則

日：「欲使宮羽相變，低昂殊節。若前有浮聲，則後須切響。一簡之內。

音韻尺殊：兩句之中，輕重悉異。妙達此旨，始可言文。」自後浮巧之語

，體制漸多，如傍犯、蹉對、蹉，音千過反。假對、雙聲、疊韻之類。詩

又有正格、偏格，類例極多。故有三十四格、十九圖，四聲、八病之類。

今略舉數事。如徐陵云：「陪游馺娑，騁纖腰於結風；長樂鴛鴦，奏新聲

於度曲。」又云：「厭長樂之疏鐘，勞中宮之緩箭。」雖兩「長樂」，意

義不同，不為重復，此類為傍犯。如《九歌》：「蕙殽蒸兮蘭藉，奠桂酒

兮椒漿。」當曰「蒸蕙殽，」對「奠桂酒」，今倒用之，謂之蹉對。如「

自朱耶之狼狽，致赤子之流離」，不唯「赤」對「朱」，「耶」對「子」

，兼「狼狽」、「流離」乃獸名對鳥名。又如「廚人具雞黍，稚子摘楊梅

」，以「雞」對「楊」，如此之類，皆為假對。如「幾家村草裡，吹唱隔

江聞」，「幾家」、「村草」與「吹唱」、「隔江」，皆雙聲。如「月影

侵簪冷，江光逼屐清」，「侵簪」、「逼屐」皆疊韻。計第二字側入。謂

之正格，如：「鳳歷軒轅紀，龍飛四十春」之類。第二字本入謂之偏格，

如「四更山吐月，殘夜水明樓」之類。唐名賢輩詩，多用正格，如杜甫律

詩。用偏格者，十無一二。
文潞公歸洛日，年七十八。同時有中散大夫

程晌、朝議大夫司馬旦、司封郎中致仕席汝言，皆年七十八。嘗為同甲會

，各賦詩一首。潞公詩曰：「四人三百十二歲，況是同生丙午年。招得梁

園為賦客，合成商嶺采芝仙。清談亹亹風盈席，素發飄飄雪滿肩。此會從

來誠未有，洛中應作畫圖傳。」
晚唐、五代間，士人作賦用事，亦有甚

工者。如江文蔚《天窗賦》：「一竅初啟，如鑿開混沌之時；兩瓦鴥飛，

類化作鴛鴦之後。」又《土牛賦》：「飲渚俄臨，訝盟津之捧塞；度阡倘

許，疑函谷之丸封」。
河中府鸛雀樓，三層，前瞻中條，下瞰大河。唐

人留詩者甚多，唯李益、王之奐、暢諸三篇能狀其景。李益詩曰：「鸛雀

樓西百尺牆，汀洲雲樹共茫茫。漢家簫鼓隨流水，魏國山河半夕陽。事去

千年猶恨速，秋來一日即知長。風煙並在思歸處，遠目非春亦自傷。」王

之奐詩曰：「白日依山盡，黃河入海流。欲窮千里目，更上一層樓。」暢

諸詩曰：「迥臨飛鳥上，高出世塵間，天勢圍平野，河流入斷山。」慶

歷間，余在金陵，有饔人以一方石鎮肉，視之，若有鐫刻。試取石洗濯，

乃宋海陵王墓銘，謝朓撰並書。其字如鐘繇，極可愛。余攜之十餘年，文

思副使夏元昭借去，遂托以墜水，今不知落何處。此銘朓集中不載，今錄

於此：「中樞誕聖，膺歷受命，於穆二祖，天臨海鏡。顯允世宗，溫文著

性。三善有聲，四國無競。嗣德方衰，時唯介弟。景祚雲及，多難攸啟。

載驟軨獵，高辟代邸。庶辟欣欣，威儀濟濟。亦既負扆，言觀帝則。正位

恭已，臨朝淵嘿。虔思寶締，負荷非克，敬順天人，高遜明德。西光已謝

，東龜又良。龍纛夕儼，葆挽晨鏘。風搖草色，日照松光。春秋非我，晚

夜何長。」
棗與棘相類，皆有刺。棗獨生，高而少橫枝；棘列生，痺而

成林；以此為別，其文皆從朿音刺，木芒刺也。朿而相戴立生者棗也。朿

而相比橫生者棘也。不識二物者，觀文可辨。
金陵人胡恢博物強記，善

篆隸，臧否人物，坐法失官十餘年，潦倒貧困，赴選集於京師。是時韓魏

公當國，恢獻小詩自達，其一聯曰：「建業開山千里遠，長安風雪一家寒

。」魏公深憐之，令篆太學石經。因此得復官，任華州推官而卒。熙寧

六年，有司言日當蝕四月朔。上為徹膳，避正殿。一夕微雨，明日不見日

蝕，百官入賀，是日有皇子之慶。蔡子正為樞密副使，獻詩一首，前四句

曰：「昨夜薰風入舜韶，君王未御正衙朝。陽輝已得前星助，陰沴潛隨夜

雨消。」其敘四月一日避殿、皇子慶誕、雲陰不見日蝕，四句盡之。當時

無能過之者。
歐陽文忠好推挽後學。王向少時為三班奉職，干當滁州一

鎮，時文忠守滁州。有書生為學子不行束脩，自往詣之，學子閉門不接。

書生訟於向，向判其牒曰：「禮聞來學，不聞往教。先生既已自屈，弟子

寧不少高？盍二物以收威，豈兩辭而造獄？」書生不直向判，逕持牒以見

歐公。公一閱，大稱其才，遂為之延譽獎進，成就美名，卒為聞人。

【卷十六　藝文三】

士人劉克博觀異書。杜甫詩有「家家養烏鬼，頓頓食黃魚。」世之說者，

皆謂夔、峽間至今有鬼戶，乃夷人也，其主謂之鬼主，然不聞有「烏鬼」

之說。又鬼戶者，夷人所稱，又非人家所養。克乃按《夔州圖經》，稱峽

中人謂鸕茲為「烏鬼」。蜀人臨水居者，皆養鸕茲，繩系其頸，使之捕魚

，得魚則倒提出之，至今如此。余在蜀中，見人家有養鸕茲使捕魚，信然

，但不知謂之烏鬼耳。
和魯公凝有艷詞一編，名《香奩集》。凝後貴，

乃嫁其名為韓渥，今世傳韓渥《香奩集》，乃凝所為也。凝生平著述，分

為《演綸》《游藝》《孝悌》《疑獄》《香奩》《籯金》六集，自為《游

藝集序》云：「余有《香奩》《籯金》二集，不行於世。」凝在政府，避

議論，諱其名又欲後人知，故於《游藝集序》實之，此凝之意也。余在秀

州，其曾孫和惇家藏諸書，皆魯公舊物，未有印記，甚完。 蜀人魏野，

隱居不仕宦，善為詩，以詩著名。卜居陝州東門之外，有《陝州平陸縣詩

》云：「寒食花藏縣，重陽菊繞灣。一聲離岸櫓，數點別州山，」最為警

句，所居頗蕭灑，當世顯人多與之遊，寇忠愍尤愛之。嘗有《贈忠愍詩》

云：「好向上天辭富貴，卻來平地作神仙。」後忠愍鎮北都，召野置門下

。北都有妓女，美色而舉止生梗，士人謂之「生張八。」因府會，忠愍令

乞詩於野，野贈之詩曰：「君為北道生張八。我是西州熟魏三。莫怪樽前

無笑語，半生半熟未相諳。」吳正憲《憶陝郊詩》云：「南郭迎天使，東

郊訪隱人。」隱人謂野也。野死，有子閒，亦有清名，今尚居陝中。

Volume 17-21

【卷十七　書畫】

藏書畫者，多取空名。偶傳為鐘、王、顧、陸之筆，見者爭售，此所謂「

耳鑒」。又有觀畫而以手摸之，相傳以謂色不隱指者為佳畫，此又在耳鑒

之下，謂之「揣骨聽聲」。歐陽公嘗得一古畫牡丹叢，其下有一貓，未知

其精粗。丞相正肅吳公與歐公姻家，一見曰：「此正午牡丹也。何以明之

？其花披哆而色燥，此日中時花也；貓眼黑睛如線，此正午貓眼也。有帶

露花，則房斂而色澤。貓眼早暮則睛圓，日漸中狹長，正午則如一線耳。

」此亦善求古人心意也。
相國寺舊畫壁，乃高益之筆。有畫眾工奏樂一

堵，最有意。人多病擁琵琶者誤撥下弦，眾管皆發「四」字。琵琶「四」

字在上弦，此撥乃掩下弦，誤也。余以謂非誤也。蓋管以發指為聲，琵琶

以撥過為聲，此撥掩下弦，則聲在上弦也。益之佈置尚能如此，其心匠可

知。
書畫之妙，當以神會，難可以形器求也。世之觀畫者，多能指摘其

間形象、位置、彩色瑕疵而已，至於奧理冥造者，罕見其人。如彥遠《畫

評》言：王維畫物，多不問四時，如畫花往往以桃、杏、芙蓉、蓮花同畫

一景。余家所藏摩詰畫《袁安臥雪圖》，有雪中芭蕉，此乃得心應手，意

到便成，故其理入神，迥得天意，此難可與俗人論也。謝赫云：「衛協之

畫，雖不該備形妙，而有氣韻，凌跨群雄，曠代絕筆。」又歐文忠《盤車

圖》詩云：「古畫畫意不畫形，梅詩詠物無隱情。忘形得意知者寡，不若

見詩如見畫。」此真為識畫也。
王仲至閱吾家畫，最愛王維畫《黃梅出

山圖》，蓋其所圖黃梅、曹溪二人，氣韻神檢，皆如其為人。讀二人事跡

，還觀所畫，可以想見其人。
《國史補》言：「客有以《按樂圖》示王

維，維曰：『此《霓裳》第三疊第一拍也。』客未然；引工按曲，乃信。

」此好奇者為之。凡畫奏樂，止能畫一聲，不過金石管弦同用「一」字耳

，何曲無此聲，豈獨《霓裳》第三疊第一拍也？或疑舞節及他舉動拍法中

，別有奇聲可驗，此亦不然。《霓裳曲》凡十三疊，前六疊無拍，至第七

疊方謂之疊遍，自此始有拍而舞作。故白樂天詩云：「中序擘騞初入拍。

」中序即第七疊也，第三疊安得有拍？但言「第三疊第一拍，」即知其妄

也。或說：嘗有人觀畫《彈琴圖》，曰：「此彈《廣陵散》也。」此或可

信。《廣陵散》中有數聲，他曲皆無，如潑攦聲之類是也。 畫牛、虎皆

畫毛，惟馬不畫。余嘗以問畫工，工言：「馬毛細，不可畫。」余難之曰

：「鼠毛更細，何故卻畫？」工不能對。大凡畫馬，其大不過盈尺，此乃

以大為小，所以毛細而不可畫；鼠乃如其大，自當畫毛。然牛、虎亦是以

大為小，理亦不應見毛，但牛、虎深毛，馬淺毛，理須有別。故名輩為小

牛、小虎，雖畫毛，但略拂拭而已。若務詳密，翻成冗長；約略拂拭，自

有神觀，迥然生動，難可與俗人論也。若畫馬如牛、虎之大者，理當畫毛

，蓋見小馬無毛，遂亦不□，此庸人襲跡，非可與論理也。又李成畫山上

亭館及樓塔之類，皆仰畫飛簷，其說以謂自下望上，如人平地望塔簷間，

見其榱桷。此論非也。大都山水之法，蓋以大觀小，如人觀假山耳。若同

真山之法，以下望上，只合見一重山，豈可重重悉見，兼不應見其溪谷間

事。又如屋舍，亦不應見其中庭及後巷中事。若人在東立，則山西便合是

遠境；人在西立，則山東卻合是遠境。似此如何成畫？李君蓋不知以大觀

小之法，其間折高、折遠，自有妙理，豈在掀屋角也。畫工畫佛身光，

有匾圓如扇者，身側則光亦側，此大謬也。渠但見雕木佛耳，不知此光常

圓也。又有畫行佛，光尾向後，謂之順風光，此亦謬也。佛光乃定果之光

。雖劫風不可動，豈常風能搖哉！
古文「已」字從一、從亡，此乃通貫

天地人，與王字義同。中則為王，或左左中則為已。僧肇曰：「會萬物為

一已者，其惟聖人乎！子曰：『下學而上達。』人不能至於此，皆自成之

也。」得已之全者如此。
度支員外郎宋迪工畫，尤善為平遠山水，其得

意者有《平沙雁落》、《遠浦帆歸》《山市晴嵐》、《江天暮雪》、《洞

庭秋月》、《瀟湘夜雨》、《煙寺晚鐘》、《漁村落照》，謂之「八景」

，好事者多傳之。往歲小村陳用之善畫，迪見其畫山水，謂用之曰：「汝

畫信工，但少天趣。」用之深伏其言，曰：「常患其不及古人者，正在於

此。」迪曰：「此不難耳，汝先當求一敗牆，張絹素訖，倚之敗牆之上，

朝夕觀之。觀之既久，隔素見敗牆之上，高平曲折，皆成山水之象。心存

目想：高者為山，下者為水；坎者為谷，缺者為澗；顯者為近，晦者為遠

。神領意造，怳然見其有人禽草木飛動往來之象，了然在目。則隨意命筆

，默以神會，自然境皆天就，不類人為，是謂活筆。」用之自此畫格進。

古文自變隸，其法已錯亂，後轉為楷字，愈益訛舛，殆不可考。如言有口

為吳，無口為天。按字書，「吳」字本從口、從夬，音捩。非天字也。此

固近世謬從楷法言之。至如兩漢篆文尚未廢，亦有可疑者。如漢武帝以隱

語召東方朔云：「先生來來。」解云：「來來，棗也。」按「棗」字從朿

，音刺。不從來。此或是後人所傳，非當時語。如「卯金刀」為「劉」，

「貨泉」為「白水真人」，此則出於緯書，乃漢人之語。按劉字從　、音

酉。從金、如、、皆從戻，非卯字也。貨從貝，真乃從具，亦非一法，不

積壓緣何如此。字書與本史所記，必有一誤也。
唐韓偓為詩極清麗，有

手寫詩百余篇，在其四世孫奕處。偓天復中避地泉州之南安縣，子孫遂家

焉。慶歷中予過南安，見奕出其手集，字極淳勁可愛。後數年，奕詣闕獻

之。以忠臣之後，得司士參軍，終於殿中丞。
又余在京師見偓《送光上

人》詩，亦墨跡也，與此無異。
江南徐鉉善小篆，映日視之。畫之中心

，有一縷濃墨，正當其中；至於屈折處，亦當中，無有偏側處。乃筆鋒直

下不倒側，故鋒常在畫中，此用筆之法也。
鉉嘗自謂：「吾晚年始得匾

之法。」凡小篆喜瘦而長，匾之法，非老筆不能也。
《名畫錄》：「

吳道子嘗畫佛，留其圓光，當大會中，對萬眾舉手一揮，圓中運規，觀者

莫不驚呼。」畫家為之自有法，但以肩倚壁，盡臂揮之，自然中規。其筆

畫之粗細，則以一指拒壁以為準，自然均匀。此無足奇。道子妙處，不在

於此，徒驚俗眼耳。
晉、宋人墨跡，多是弔喪問疾書簡。唐貞觀中，購

求前世墨跡甚嚴，非弔喪問疾書跡。皆入內府。士大夫家所存，皆當日朝

廷所不取者，所以流傳至今。
鯉魚當脅一行三十六鱗，鱗有黑文如十字

，故謂之鯉。文從魚、裡者，三百六十也。然井田法即以三百步為一里。

恐四代之法，容有不相襲者。
國初，江南布衣徐熙、偽蜀翰林待詔黃筌

，皆以善畫著名，尤長於畫花竹。蜀平，黃筌並二子居寶、居實，弟惟亮

，皆隸翰林圖畫院，擅名一時。其後江南平，徐熙至京師，送圖畫院品其

畫格。諸黃畫花，妙在賦色，用筆極新細，殆不見墨跡，但以輕色染成，

謂之寫生。徐熙以墨筆畫之，殊草草，略施丹粉而已，神氣迥出，別有生

動之意。筌惡其軋已，言其畫粗惡不入格，罷之。熙之子乃效諸黃之格，

更不用墨筆，直以彩色圖之，謂之「沒骨圖」。工與諸黃不相下，筌等不

復能瑕疵，遂得齒院品。然其氣韻皆不及熙遠甚。
余從子遼喜學書，嘗

論曰：「書之神韻，雖得之於心，然法度必資講學。常患世之作字，分制

無法。凡字有兩字、三、四字合為一字者，須字字可拆。若筆畫多寡相近

者，須令大小均停。所謂筆畫相近，如『殺』字，乃四字合為一，當使『

乂』、『木』、『幾』、『又』四者大小皆均。如『尗』字，乃二字合，

當使『上』與『小』二者，大上長短皆均。若筆畫多寡相遠，即不可強牽

使停。寡在左，則取上齊；寡在右，則取下齊。如從口、從金，此多寡不

同也，『吟』即取上齊；『釦』則取下齊。如從尗、從又、及從口、從胃

三字合者，多寡不同，則『叔』當取下齊，『喟』當取上齊。」如此之類

，不可不知，又曰：「運筆之時，常使意在筆前。」此古人良法也。 王

羲之書，舊傳唯《樂毅論》乃羲之親書於石，其他皆紙素所傳。唐太宗裒

聚二王墨跡，惟《樂毅論》石本，其後隨太宗入昭陵。朱梁時，耀州節度

使溫韜發昭陵得之，復傳人間。或曰：公主以偽易之，元不曾入壙。本朝

入高紳學士家。皇祐中，紳之子高安世為錢塘主簿，《樂毅論》在其家，

余嘗見之。時石已破缺，末後獨有一「海」字者是也。其家後十餘年，安

世在蘇州，石已破為數片，以鐵束之。後安世死，石不知所在。或云：蘇

州一富家得之。亦不復見。今傳《樂毅論》，皆摹本也，筆畫無復昔之清

勁。羲之小楷字，於此殆絕。《遺教經》之類，皆非其比也。 王摅陝

州，集天下良工畫壽聖寺壁，為一時妙絕。畫工凡十八人，皆殺之，同為

一坎，瘞於寺西廂，使天下不復有此筆。其不道如此。至今沿有十堵余，

其間西廊「迎佛捨利」、東院「佛母壁」最奇妙，神彩皆欲飛動。又有「

鬼母」、「瘦佛」二壁差次，其余亦不甚過人。 江南中主時，有北苑使

董源善畫，尤工秋嵐遠景，多寫江南真山，不為奇峭之筆。其後建業僧巨

然，祖述源法，皆臻妙理。大體源及巨然畫筆，皆宜遠觀。其用筆甚草草

，近視之，幾不類物象；遠觀則景物粲然，幽情遠思，如睹異境。如源畫

《落照圖》，近視無功；遠觀村落杳然深遠，悉是晚景；遠峰之頂，宛有

反照之色。此妙處也。

【卷十八　技藝】

賈魏公為相日，有方士姓許，對人未嘗稱名，無貴賤皆稱「我」，時人謂

之「許我」。言談頗有可采。然傲誕，視公卿蔑如也。公欲見，使人邀召

數四，卒不至。又使門人苦邀致之，許騎驢，逕欲造丞相廳事。門吏止之

，不可，吏曰：「此丞相廳門，雖丞郎亦須下。」許曰：「我無所求於丞

相，丞相召我來，若如此，但須我去耳。」不下驢而去。門吏急追之，不

還，以白丞相。魏公又使人謝而召之，終不至。公歎曰：「許市井人耳。

惟其無所求於人，尚不可以勢屈，況其以道義自任者乎。」 造捨之法，

謂之《木經》，或雲喻皓所撰。凡屋有三分：去聲。自梁以上為上分，地

以上為中分，階為下分。凡梁長几何，則配極幾何，以為榱等。如梁長八

尺，配極三尺五寸，則廳堂法也，此謂之上分。楹若干尺，則配堂基若干

尺，以為榱等。若楹一丈一尺，則階基四尺五寸之類。以至承拱榱桷，皆

有定法，謂之中分。階級有峻、平、慢三等，宮中則以御輦為法：凡自下

而登，前竿垂盡臂，後竿展盡臂為峻道；荷輦十二人：前二人曰前竿，次

二人曰前絛，又次曰前脅；後一人曰後脅，又後曰後絛，末後曰後竿。輦

前隊長一人，曰傳倡；後一人，曰報賽。前竿平肘，後竿平肩，為慢道；

前竿垂手，後竿平肩，為平道；此之謂下分。其書三卷。近歲土木之工，

益為嚴善，舊《木經》多不用，未有人重為之，亦良工之一業也。 審方

面勢，覆量高深遠近，算家謂之「□術」，□文象形，如繩木所用墨斗也

。求星辰之行，步氣朔消長，謂之「綴術」。謂不可以形察，但以算箭綴

之而已。北齊祖亙有《綴術》二卷。算術求積尺之法，如芻萌、芻童、

方池、冥谷、塹堵、鱉臑、圓錐、陽馬之類，物形備矣，獨未有隙積一術

，古法：凡算方積之物，有立方，謂六冪皆方者。其法再自乘則得之。有

塹堵，謂如土牆者，兩邊殺，兩頭齊。其法並上下廣，折半以為之廣以直

高乘之，以直高以股，以上廣減下廣，余者半之為勾。勾股求弦，以為斜

高。有芻童，謂如覆斗者，四面皆殺。其法倍上長加入下長，以上廣乘之

；倍下長加入上長，以下廣乘之；並二位，以高乘之，六而一。隙積者，

謂積之有隙者，如累棋、層壇及灑家積罌之類。雖似覆鬥，四面皆殺，緣

有刻缺及虛隙之處，用芻童法求之，常失於數少。余思而得之，用芻童法

為上位；下位別列：下廣以上廣減之，余者以高乘之，六而一，並入上位

。假令積罌：最上行縱橫各二罌，最下行各十二罌，行行相次。先以上二

行相次，率至十二，當十一行也。以芻童法求之，倍上行長得四，並入下

長得十六，以上廣乘之，得之三十二；又倍下行長得二十四，並入上長，

得二十六，以下廣乘之，得三百一十二；並二位得三百四十四，以高乘之

，得三千七百八十四。重列下廣十二，以上廣減之，余十，以高乘之，得

一百一十，並入上位，得三千八百九十四；六而一，得六百四十九，此為

罌數也。芻童求見實方之積，隙積求見合角不盡，益出羨積也。履畝之法

，方圓曲直盡矣，未有會圓之術。凡圓田，既能拆之，須使會之復圓。古

法惟以中破圓法拆之，其失有及三倍者。余別為拆會之術，置圓田，逕半

之以為弦，又以半徑減去所割數，余者為股；各自乘，以股除弦，余者開

方除為勾，倍之為割田之直徑。以所割之數自乘倍之，又以圓徑除所得，

加入直徑，為割田之弧。再割亦如之，減去已割之弧，則再割之弧也。假

令有圓田，逕十步，欲割二步。以半徑為弦，五步自乘得二十五；又以半

徑減去所割二步，余三步為股，自乘得九；用減弦外，有十六，開平方，

除得四步為勾，倍之為所割直徑。以所割之數二步自乘為四，倍之得為八

，退上一位為四尺，以圓徑除。今圓徑十，已足盈數，無可除。只用四尺

加入直徑，為所割之孤，凡得圓徑八步四尺也。再割亦依此法。如圓徑二

十步求弧數，則當折半，乃所謂以圓徑除之也。此二類皆造微之術，古書

所不到者，漫志於此。
蹙融，或謂之蹙戎，《漢書》謂之格五，雖止用

數棋，共行一道，亦有能否。徐德占善移，遂至無敵。其法以已常欲有餘

裕，而致敵人於嶮。雖知其術止如是，然卒莫能勝之。予伯兄善射，自

能為弓。其弓有六善：一者性體少而勁，二者和而有力，三者久射力不屈

，四者寒暑力一，五者弦聲清實，六者一張便正。弓性體少則易張而壽，

但患其不勁；欲其勁者，妙在治筋。凡筋生長一尺，干則減半；以膠湯濡

而梳之，復長一尺，然後用，則筋力已盡，無復伸弛。又揉其材令仰，然

後傅角與筋，此兩法所以為筋也。凡弓節短則和而虛，「虛」謂挽過吻則

無力。節長則健而柱，「柱」謂挽過吻則木強而不來。「節」謂把梢裨木

，長則柱，短則虛。節若得中則和而有力，仍弦聲清實。凡弓初射與天寒

，則勁強而難挽；射久、天暑，則弱而不勝矢，此膠之為病也。凡膠欲薄

而筋力盡，強弱任筋而不任膠，此所以射久力不屈，寒暑力一也。弓所以

為正者，材也。相材之法視其理，其理不因矯揉而直，中繩則張而不跛，

此弓人之所當知也。
小說：唐僧一行曾算棋局都數，凡若干局盡之。余

嘗思之，此固易耳，但數多，非世間名數可能言之，今略舉大數。凡方二

路，用四子，可變八十一局，方三路，用九子，可變一萬九千六百八十三

局。方四路，用十六子，可變四千三百四萬六千七百二十一局。方五路，

用二十五子，可變八千四百七十二億八千八百六十萬九千四百四十三局；

古法：十萬為億，十億為兆，萬兆為秭。算家以萬萬為億，萬萬億為兆，

萬萬兆為垓。今且以算家數計之。方六路，用三十六子，可變十五兆九十

四萬六千三百五十二億八千二百三萬一千九百二十六局。方七路以上，數

多無名可紀。盡三百六十一路，大約連書「萬」字四十三，即是局之大數

。萬字四十三，最下萬字是萬局，第二是萬萬局，第三是萬億局，第四是

一兆局，第五是萬兆局，第六是萬萬兆，謂之一垓，第七是萬垓局，第八

是萬萬垓，第九是萬億垓。此外無名可紀，但四十三次萬倍乘之，即是都

大數，零中數不與。其法：初一路可變三局，一黑、一白、一空。自後不

以橫直，但增一子，即三因之。凡三百六十一增，皆三因之，即是都局數

。又法：先計循邊一行為「法」，凡十九路，得一十億六千二百二十六萬

一千四百六十七局。凡加一行，即以「法」累乘之，乘終十九行，亦得上

數。又法：以自「法」相乘，得一百三十五兆八百五十一萬七千一百七十

四億四千八百二十八萬七千三百三十四局，此是兩行，凡三十八路變得此

數也。下位副置之，以下乘上，又以下乘下，置為上位；又副置之，以下

乘上，以下乘下；加一「法」，亦得上數。有數法可求，唯此法最徑捷。

只五次乘，便盡三百六十一路。千變萬化，不出此數，棋之局盡矣。《

西京雜記》云：「漢元帝好蹴踘，以蹴踘為勞，求相類而不勞者，遂為彈

棋之戲。」余觀彈棋絕不類蹴踘，頗與擊踘相近，疑是傳寫誤耳。唐薛嵩

好蹴踘，劉鋼勸止之曰：「為樂甚眾，何必乘危邀頃刻之歡？」此亦擊踘

，《唐書》誤述為蹴踘。彈棋今人罕為之，有譜一卷，盡唐人所為。其局

方二尺，中心高，如覆盂；其巔為小壺，四角微隆起。今大名開元寺佛殿

上有一石局，亦唐時物也。李商隱詩曰：「玉作彈棋局，中心最不平。」

謂其中高也。白樂天詩：「彈棋局上事，最妙是長斜。」長斜謂抹角斜彈

，一發過半局，今譜中具有此法。柳子厚《敘棋》用二十四棋者，即此戲

也。《漢書注》云：「兩人對局，白、黑子各六枚。」與子厚所記小異。

如弈棋，古局用十七道，合二百八二九道，黑白棋各百五十，亦與後世法

不同。
算術多門，如求一、上驅、搭因、重因之類，皆不離乘除。唯增

減一法稍異，其術都不用乘除，但補虧就盈而已。假如欲九除者，增一便

是；八除者，增二便是。但一位一因之。若位數少，則頗簡捷；位數多，

則愈繁，不若乘除之有常。然算術不患多學，見簡即用，見繁即變，不膠

一法，乃為通術也。
版印書籍，唐人尚未盛為之，自馮瀛王始印五經，

已後典籍，皆為版本。慶歷中，有布衣畢昇，又為活版。其法用膠泥刻字

，薄如錢唇，每字為一印，火燒令堅。先設一鐵版，其上以松脂臘和紙灰

之類冒之。欲印則以一鐵范置鐵板上，乃密佈字印。滿鐵范為一板，持就

火煬之，藥稍鎔，則以一平板按其面，則字平如砥。若止印三、二本，未

為簡易；若印數十百千本，則極為神速。常作二鐵板，一板印刷，一板已

自布字。此印者才畢，則第二板已具。更互用之，瞬息可就。每一字皆有

數印，如之、也等字，每字有二十餘印，以備一板內有重複者。不用則以

紙貼之，每韻為一貼，木格貯之。有奇字素無備者，旋刻之，以草火燒，

瞬息可成。不以木為之者，木理有疏密，沾水則高下不平，兼與藥相粘，

不可取。不若燔土，用訖再火令藥熔，以手拂之，其印自落，殊不沾污。

昇死，其印為余群從所得，至今保藏。
淮南人衛樸精於歷術，一行之流

也。《春秋》日蝕三十六，諸歷通驗，密者不過得二十六、七，唯一行得

二十九；樸乃得三十五，唯莊公十八年一蝕，今古算皆不入蝕法，疑前史

誤耳。自夏仲康五年癸巳歲，至熙寧六年癸丑，凡三千二百一年，書傳所

載日食，凡四百七十五。眾歷考驗，雖各有得失，而樸所得為多。樸能不

用算，推古今日月蝕，但口誦乘除，不差一算。凡大歷悉是算數，令人就

耳一讀，即能暗誦；傍通歷則縱橫誦之。嘗令人寫歷書，寫訖，令附耳讀

之，有差一算者，讀至其處，則曰：「此誤某字。」其精如此。大乘除皆

不下照位，運籌如飛，人眼不能逐。人有故移其一算者，樸自上至下，手

循一遍，至移算處，則撥正而去。熙寧中撰《奉元歷》，以無候簿，未能

盡其術。自言得六七而已，然已密於他歷。
醫用艾一灼謂之一壯者，以

壯人為法。其言若干壯，壯人當依此數，老幼羸弱量力減之。 四人分曹

共圍棋者，有術可令必勝；以我曹不能者，立於彼曹能者之上，令但求急

；先攻其必應，則彼曹能者其所制，不暇恤局；則常以我曹能者當彼不能

者。此虞卿斗馬術也。
西戎用羊卜，謂之「跋焦」，卜師謂之「厮乩。

」必定反。以艾灼羊髀骨，視其兆，謂之「死跋焦。」其法；兆之上為神

明；近脊處為坐位，坐位者，主位也；近傍處為客位。蓋西戎之俗，所居

正寢，常留中一間，以奉鬼神，不敢居之，謂之神明，主人乃坐其傍，以

此占主客勝負。又有先咒粟以食羊，羊食其粟，則自搖其首，乃殺羊視其

五藏，謂之「生跋焦。」其言極有驗，委細之事，皆能言之。「生跋焦」

土人尤神之。
錢氏據兩浙時，於杭州梵天寺建一木塔，方兩三級，錢帥

登之，患其塔動。匠師云：「未布瓦，上輕，故如此。」方以瓦布之，而

動如初。無可奈何，密使其妻見喻皓之妻，賂以金釵，問塔動之因。皓笑

日：「此易耳。但逐層布板訖，便實釘之，則不動矣。」匠師如其言，塔

遂定。蓋釘板上下彌束，六幕相聯如胠篋。人履其板，六幕相持，自不能

動。人皆伏其精練。
醫者所論人鬚髮眉，雖皆毛類，而所主五藏各異，

故有老而須白眉發不白者，或發白而鬚眉不白者，藏氣有所偏故也。大率

發屬於心，稟火氣，故上生；須屬腎，稟水氣，故下生；眉屬肝，故側生

。男子腎氣外行，上為須，下為勢。故女子、宦人無勢，則亦無須，而眉

發無異於男子，則知不屬腎也。
醫之為術，苟非得之於心，而恃書以為

用者，未見能臻其妙。如術能動鐘乳，按《乳石論》曰：「服鐘乳，當終

身忌術。」五石諸散用鐘乳為主，復用術，理極相反，不知何謂。余以問

老醫，皆莫能言其義。按《乳石論》云：「石性雖溫，而體本沈重，必待

其相蒸薄然後發。」如此，則服石多者，勢自能相蒸，若更以藥觸之，其

發必甚。五石散雜以眾藥，用石殊少，勢不能蒸，須藉外物激之令發耳。

如火少，必因風氣所鼓而後發；火盛，則鼓之反為害，此自然之理也。故

孫思邈云：「五石散大猛毒。寧食野葛，不服五石。遇此方即須焚之，勿

為含生之害。」又曰：「人不服石，庶事不佳；石在身中，萬事休泰。唯

不可服五石散。」蓋以五石散聚其所惡，激而用之，其發暴故也。古人處

方，大體如此，非此書所能盡也。況方書仍多偽雜，如《神農本草》最為

舊書，其間差誤尤多，醫不可以不知也。
余一族子，舊服芎藭。醫鄭叔

熊見之云：「芎藭不可久服，多令人暴死」。後族子果無疾而卒。又余姻

家朝士張子通之妻，因病腦風，服芎藭甚久，亦一旦暴亡。皆余目見者。

又余嘗苦腰重，久坐，則旅距十餘步然後能行。有一將佐見余日：「得無

用苦參潔齒否？」余時以病齒，用苦參數年矣。曰：「此病由也。苦參入

齒，其氣傷腎，能使人腰重。」後有太常少卿舒昭亮用苦參揩齒，歲久亦

病腰。自後悉不用苦參，腰疾皆愈。此皆方書舊不載者。 世之摹字者，

多為行勢牽制，失其舊跡，須當横摹之，泛然不問其點畫，惟舊跡是循，

然後盡其妙也。
古人以散筆作隸書，謂之散隸。近歲蔡君謨又以散筆作

草書，謂之散草，或曰飛草。其法皆生于飛白，亦自成一家。 四明僧奉

真，良醫也。天章閣待制許元為江淮發運使課於京師。方欲入對，而其子

疾亟，瞑而不食，惙惙欲死，逾宿矣。使奉真視之，曰：「脾已絕，不可

治，死在明日。」元曰：「觀其疾勢，固知其不可救，今方有事須陛對，

能延數日之期否？」奉真曰：「如此似可，諸髒皆已衰唯肝臟獨過。脾為

肝所勝，其氣先絕，一髒絕則死。若急瀉肝氣，令肝氣衰，則脾少緩，可

延三日。過此無術也。」乃投藥，至晚乃能張目，稍稍復啜粥，明日漸蘇

而能食。元其喜。奉真笑曰：「此不足喜，肝氣暫舒耳，無能為也。」後

三日果卒。

【卷十九　器用】

禮書所載黃彝，乃畫人目為飾，謂之「黃目」。余游關中，得古銅黃彝，

殊不然。其刻畫甚繁，大體似繆篆，又如闌盾間所畫回波曲水之文。中間

有二目，如大彈丸，突起。煌煌，所謂黃目也。視其文，彷彿有牙角口吻

之象。或說黃目乃自是一物。又余昔年在姑熟王敦城下土中得一銅鉦，刻

其底日「諸葛士全茖茖鳴鉦。」茖即古落字也，此部落之落。士全，部將

名耳。鉦中間鑄一物，有角，羊頭；其身亦如篆文，如今時術士所畫符。

傍有兩字，乃大篆「飛廉」字，篆文亦古怪；則鉦間所圖，蓋飛廉也。飛

廉，神獸之名。淮南轉運使韓持正也有一鉦。所圖飛廉及篆字，與此亦同

。以此驗之，則黃目疑亦是一物。飛廉之類，其形狀如字非字，如畫非畫

，恐古人別有深理。大底先王之器，皆不苟為。昔夏後鑄鼎以知神奸，殆

亦此類。恨未能深究其理，必有所謂。或日：「《禮圖》樽彝，皆以木為

之，未聞用銅者。」此亦未可質，如今人得古銅樽者極多，安得言無？如

《禮圖》「甕以瓦為之」，《左傳》卻有謠甕；律以竹為之，晉時舜祠下

乃發得玉律。此亦無常法。如蒲穀壁，《禮圖》悉作草稼之象，今世人發

古塚得蒲璧，乃刻文蓬蓬如蒲花敷時；穀壁如粟粒耳。則《禮圖》亦未可

為據。
禮書言罍畫雲雷之象，然莫知雷作何狀。今祭器中畫雷，有作鬼

神伐鼓之象，此甚不經。余嘗得一古銅罍，環其腹皆有畫，正如人間屋樑

所畫曲水。細觀之，乃是雲、雷相間為飾，乃所謂雲、雷之象也。今《漢

書》罍字作褢，蓋古人此飾罍，後世自失傳耳。
唐人詩多有言吳鉤者。

吳鉤，刀名也，刃彎。今南蠻用之，謂之葛黨刀。
古法以牛革為矢服，

臥則以為枕。取其中虛，附地枕之，數里內有人馬聲，則皆聞之。蓋虛能

納聲也。
鄆州發地得一銅弩機。甚大，制作極工。其側有刻文日：「臂

師虞士，牙師張柔。」史傳無此色目人，不知何代物也。 熙寧中，李定

獻偏架弩，似弓而施榦鐙。以鐙距地而張之，射三百步，能洞重扎，謂之

「神臂弓」，最為利器，李定本黨項羌酋，自投歸朝廷，官至防團而死，

諸子皆以驍勇雄於西邊。
古劍有沈盧、魚腸之名，沈音湛。沈盧謂其湛

湛然黑色也。古人以劑鋼為刃，柔鐵不莖榦；不爾則多斷折。劍之鋼者，

刃多毀缺，巨闕是也。故不可純用劑鋼。魚腸即今蟠鋼劍也，又謂之松文

。取諸魚燔熟，褫去脅，視見其腸，正如今之蟠鋼劍文也。 濟州金鄉縣

發一古塚，乃漢大司徒朱鮪墓，石壁刻人物、祭器、樂架之類。人之衣冠

多品，有如今之帕頭者，巾額皆方，悉如今制，但無腳耳。婦人亦有如今

之垂肩冠者，如近年所服角冠，兩翼抱面，下垂及肩，略無小異。人情不

相遠，千餘年前冠服已嘗如此。其祭器亦有類今之食器者。 古人鑄鑒，

鑒大則平，鑒小則凸。凡鑒窪則照人而大，凸則照人面小。小鑒不能全視

人面，故令微凸，收人面令小，則鑒雖小而能全納人面，仍復量鑒之小大

，增損高下，常令人面與鑒大小相若。此工之巧智，後人不能造。比得古

鑒，皆刮磨令平，此師曠所以傷知音也。
長安故宮闕前，有唐肺石尚在

。其制如佛寺所擊響石而甚大，可長八九尺，形如垂肺，亦有款志，但漫

剝不可讀。按《秋官大司寇》：「以肺石達窮民。」原其義，乃伸冤者擊

之，立其下，然后士聽其辭，如今之撾登聞鼓也。所以肺形者，便於垂。

又肺主聲，聲所以達其冤也。
熙寧中，嘗發地得大錢三十餘千文，皆「

順天」「得一」。當時在庭皆疑古無「得一」年號，莫知何代物。余按《

唐書》，史思明僭號鑄「順天」「得一」錢。「順天」其偽年號，「得一

」特以名鑄錢耳，非年號也。
世有透光鑒，鑒背有銘文，凡二十字，字

極古，莫能讀。以鑒承日光，則背文及二十字，皆透在屋壁上，了了分明

。人有原其理，以謂鑄時薄處先冷，唯背文上差厚，後冷而銅縮多。文雖

在背，而鑒面隱然有跡，所以於光中現。余觀之，理誠如是。然余家有三

鑒，又見他家所藏，皆是一樣，文畫銘字無纖異者，形制甚古。唯此一樣

光透，其他鑒雖至薄者皆莫能透。意古人別自有術。
余頃年在海州，人

家穿地得一弩機，其望山甚長，望山之側為小矩，如尺之有分寸。原其意

，以目注鏃端，以望山之度擬之，準其高下，正用算家勾股法也。《太甲

》曰：「往省括於度則釋。」疑此乃度也。漢陳王寵善弩射，十發十中，

中皆同處，其法以「天覆地載，參連為奇，三微三小。三微為經，三小為

緯，要在機牙。」其言隱晦難曉。大意天覆地載，前後手勢耳；參連為奇

，謂以度視鏃，以鏃視的，參連如衡，此正是勾股度高深之術也；三經、

三緯，則設之於堋，以志其高下左右耳。余嘗設三經、三緯，以鏃注之發

矢，亦十得七八。設度於機，定加密矣。
余於關中得一銅匜，其臂有刻

文二十字日：「律人衡蘭注水匜，容一升。始建國元年一月癸卯造。」皆

小篆。律人當是官名。《王莽傳》中不載。
青堂羌善鍛甲，鐵色青黑，

瑩徹可鑒筆發，以麝皮為線旅之，柔薄而韌。鎮戎軍有一鐵甲，櫝藏之，

相傳以為寶器。韓魏公帥涇、原，曾取試之。去之五十步，強弩射之，不

能入。嘗有一矢貫扎，乃是中其鑽空；為鑽空所刮，鐵皆反捲，其堅如此

。凡鍛甲之法，其始甚厚，不用火，冷鍛之，比元厚三分減二乃成。其未

留頭許不鍛，隱然如瘊子。欲以驗未鍛時厚薄。如浚河留土筍也。謂之「

瘊子甲」。今人多於甲札之背隱起，偽為瘊子，雖置瘊子，但無非精鋼，

或以火鍛為之，皆無補於用，徒為外飾而已。
朝士黃秉少居長安，游驪

山，值道士理故宮石渠，石下得折玉釵，刻為鳳首，已皆破缺，然制作精

巧，後人不能為也。鄭嵎《津陽門》詩云：「破簪碎細不足拾，金溝淺溜

和纓緌。」非虛語也。余又嘗過金陵，人有發六朝陵寢，得古物甚多。余

曾見一玉臂釵，兩頭施轉關，可以屈伸，合之令圓，僅於無縫，為九龍繞

之，功侔鬼神。世多謂前古民醇，工作率多鹵拙，是大不然。古物至巧，

正由民醇故也。民醇，工不苟。後世風俗雖侈，而工之致力不及古人，故

物多不精。
屋上覆橑，古人謂之「綺井」，亦曰「藻井」，又謂之「覆

海」。今令文中謂之「斗八」，吳人謂之「罳頂」。唯宮室祠觀為之。

今人地中得古印章，多是軍中官。古之佩章，罷免遷死皆上印綬；得以印

綬葬者極稀。土中所得，多是沒於行陣者。
大駕玉輅，唐高宗時造，至

今進御。自唐至今，凡三至泰山登封。其他巡幸，莫記其數。至今完壯，

乘之安若山岳，以措杯水其上而不搖。慶歷中，嘗別造玉輅，極天下良工

為之，乘之動搖不安，竟廢不用。元豐中，復造一輅，尤極工巧，未經進

御，方陳於大庭，車屋適壞，遂壓而碎，只用唐輅。其穩利堅久，歷世不

能窺其法。世傳有神物護之，若行諸輅之後，則隱然有聲。

【卷二十　神奇】

世人有得雷斧、雷楔者，云：「雷神所墜，多於震雷之
下得之。」而未嘗

親見。元豐中，予居隨州，夏月大雷震一木折，其下乃
得一楔，信如所傳

。凡雷斧多以銅鐵為之；楔乃石耳，似斧而無孔。世傳
雷州多雷，有雷祠

在焉，其間多雷斧、雷楔。按《圖經》，雷州境內有雷
、擊二水，雷水貫

城下，遂以名州。如此，則「雷」自是水名，言「多雷
」乃妄也。然高州

有電白縣，乃是鄰境，又何謂也？
越州應天寺有鰻井，在一大磐石上，

其高數丈，井才方數寸，乃一石竅也，其深不可知，唐
徐浩詩云：「深泉

鰻井開。」即此也，其來亦遠矣。鰻時出遊，人取之置
懷袖間，了無驚猜

。如鰻而有鱗，兩耳甚大，尾有刃跡。相傳云：「黃巢
曾以劍佛之。」凡

鰻出遊，越中必有水旱疫癘之災，鄉人常以此候之。
治平元年，常州日

禺時，天有大聲如雷，乃一大星，幾如月，見於東南。
少時而又震一聲，

移著西南。又一震而墜在宜興縣民許氏園中。遠近皆見
，火光赫然照天，

許氏藩籬皆為所焚。是時火息，視地中有一竅如杯大，
極深。下視之，星

在其中，熒熒然。良久漸暗，尚熱不可近。又久之，發其竅，深三尺餘，

乃得一圓石，猶熱，其大如拳，一頭微銳，色如鐵，重亦如之。州守鄭伸

得之，送潤州金山寺，至今匣藏，遊人到則發視。王無咎為之傳甚詳。

山陽有一女巫，其神極靈。予伯氏嘗召問之，凡人間物，雖在千里之外，

問之皆能言。乃至人中心萌一意，已能知之。坐客方弈棋，試數白黑棋握

手中，問其數，莫不符合。更漫取一把棋，不數而問之，是亦不能知數。

蓋人心所知者，彼則知之；心所無，則莫能知。如季鹹之見壺子，大耳三

藏觀忠國師也。又問以巾篋中物，皆能悉數。時伯氏有《金剛經》百冊，

盛一大篋中，指以問之：「其中何物？」則曰：「空篋也。」伯氏乃發以

示之，曰：「此有百冊佛經，安得曰空篋？」鬼良久又曰：「空篋耳，安

得欺我！」此所謂文字相空，因真心以顯非相，宜其鬼神所不能窺也。

神仙之說，傳聞固多，余之目睹二事。供奉官陳允任衢州監酒務日，允已

老，發禿齒脫。有客候之，稱孫希齡，衣服甚襤褸，贈允藥一刀圭，令揩

齒。允不甚信之。暇日，因取揩上齒，數揩而良，及歸家，家人見之，皆

笑曰：「何為以墨染須？」允驚，以鑒照之，上髯黑如漆矣。急去巾，視

童首之發，已長數寸；脫齒亦隱然有生者。余見允時年七十餘，上髯及發

盡黑，而下髯如雪。又正郎蕭渤罷白波輦運，至京師，有黥卒姓石，能以

瓦石沙土手挼之悉成銀，渤厚禮之，問其法，石曰：「此真氣所化，未可

遽傳。若服丹藥，可呵而變也。」遂授渤丹數粒。渤餌之，取瓦石呵之，

亦皆成銀。渤乃丞相荊公姻家，是時丞相當國，余為宰士，目睹此事，都

下士人求見石者如市，遂逃去，不知所在。石才去，渤之術遂無驗。石，

齊人也。時曾子固守齊，聞之，亦使人訪其家，了不知石所在。渤既服其

丹，亦宜有補年壽，然不數年間，渤乃病卒。疑其所化特幻耳。 熙寧中

，予察訪過鹹平，是時劉定子先知縣事，同過一佛寺。子先謂余曰：「此

有一佛牙，甚異。」余乃齋潔取視之。其牙忽生舍利，如人身之汗，颯然

湧也，莫知其數，或飛空中，或墮地。人以手承之，即透過；著床榻，摘

然有聲，復透下。光明瑩徹，爛然滿目。余到京師，盛傳於公卿間。後有

人迎至京師，執政官取入東府，以次流布士大夫之家。神異之跡，不可悉

數。有詔留大相國寺，創造木浮圖以藏之。今相國寺西塔是也。 菜品中

蕪菁、菘、芥之類，遇旱其標多結成花，如蓮花，或作龍蛇之形。此常性

，無足怪者。熙寧中，李賓客乃之知潤州，園中菜花悉成荷花，仍各有一

佛坐於花中，形如雕刻，莫知其數。暴干之，其相依然。或云：「李君之

家奉佛甚篤，因有此異。」彭蠡小龍，顯異至多，人人能道之，一事最著

。熙寧中，王師南征，有軍仗數十船，泛江而南。自離真州，即有一小蛇

登船。般師識之，曰：「此彭蠡小龍也，當是來護軍仗耳。」主典者以潔

器薦之，蛇伏其中。船乘便風，日棹數百裡，未嘗有波濤之恐。不日至洞

庭，蛇乃附一商人船回南康。世傳其封域止於洞庭，未嘗逾洞庭而南也。

有司以狀聞，詔封神為順濟王，遣禮官林希致詔。予中至祠下，焚香畢，

空中忽有一蛇墜祝肩上，祝曰：「龍君至矣。」其重一臂不能勝。徐下至

幾案間，首如龜，不類蛇首也。子中致詔意日：「使人至此，齋三日然後

致祭。王受天子命，不可以不齋戒。」蛇受命，逕入銀香奩中，蟠三日不

動。祭之日，既酌灑，蛇乃自奩中引首吸之。俄出，循案行，色如濕胭脂

，爛然有光。穿一剪綵花過，其尾尚赤，其前已變為黃矣，正如雌黃色。

又過一花，復變為綠，如嫩草之色。少頃，行上屋櫟。乘紙旛腳以船，輕

若鴻毛。倏忽入帳中，遂不見。明日，子中還，蛇在船後送之，逾彭蠡而

回。此龍常游舟楫間，與常蛇無辨。但蛇行必蜿蜒，而此乃直得，江人常

以此辨之。
天聖中，近輔獻龍卵，云：「得自大河中。」詔遣中人送潤

州金山寺。是歲大水，金山廬舍為水所漂者數十間，人皆以為龍卵所致。

至今櫝藏，余屢見之：形類色理，都如雞卵，大若五升囊；舉之至輕，唯

空殼耳。
內侍李舜舉家曾為暴雷所震。其堂之西室，雷火自窗間出，赫

然出簷，人以為堂屋已焚，皆出避之。及雷止，其捨宛然，牆壁窗紙皆黔

。有一木格，其中雜貯諸器，其漆器銀釦者，銀悉鎔流在地，漆器曾不焦

灼。有一寶刀，極堅鋼，就刀室中鎔為汁，而室亦儼然。人必謂火當先焚

草木，然後流金石，今乃金石皆鑠，而草木無一毀者，非人情所測也。佛

書言「龍火得水而熾，人火得水而災」，此理信然。人但知人境中事耳，

人境之外，事有何限？欲以區區世智情識，窮測至理，不其難哉！ 知道

者苟未至脫然，隨其所得淺深，皆有效驗。尹師魯自直龍圖閣謫官，過梁

下，與一佛者談。師魯自言以靜退為樂。其人曰：「此猶有所系，不若進

退兩忘。」師魯頓若有所得，自為文以記其說。後移鄧州，是時範文正公

守南陽。少日，師魯忽手書與文正別，仍囑以後事，文下極訝之。時方饌

客，掌書記朱炎在坐，炎老人，好佛學，文正以師魯書示炎曰：「師魯遷

謫失意，遂至乘理，殊可怪也。宜往見之，為致意開譬之，無使成疾。」

炎即詣尹，百師魯已沐浴衣冠而坐，見炎來道文正意，乃笑曰：「何希文

猶以生人見待？洙死矣。」與炎談論頃時，遂隱幾而卒。炎急使人馳報文

正，文正至，哭之甚哀。師魯忽舉頭曰：「早已與公別，安用復來？」文

正驚問所以，師魯笑曰：「死生常理也，希文豈不達此。」又問其後事，

尹曰：「此在公耳。」乃揖希文，復逝。俄頃，又舉頭顧希文曰：「亦無

鬼神，亦無恐怖。」言訖，遂長往。師魯所養至此。可謂有力矣，尚未能

脫有無之見，何也？得非進退兩忘猶存於胸中歟？吳人鄭夷甫，少年登

第，有美才。嘉祐中，監高郵軍稅務。嘗遇一術士，能推人死期，無不驗

者。令推其命，不過三十五歲。憂傷感歎，殆不可堪。人有勸其讀《老》

《莊》以自廣。久之，潤州金山有一僧，端坐與人談笑間遂化去。夷甫聞

之，喟然歎息曰：「既不得壽，得如此僧，復何憾哉！」乃從佛者授《首

楞嚴經》，往還吳中。歲余，忽有所見，曰：「生死之理。我知之矣。」

遂釋然放懷，無復芥蒂。後調封州判官，預知死日，先期旬日，作書與交

遊親戚敘訣，及次敘家事備盡。至期，沐浴更衣。公捨外有小園，面溪一

亭潔飾，夷甫至其間，親督人灑掃及焚香。揮手指畫之間，屹然立化。家

人奔出呼之，已立僵矣：亭亭如植木，一手猶作指畫之狀。郡守而下，少

時皆至，士民觀者如牆。明日，乃就斂。高郵崔伯易為墓誌。略敘其事。

余與夷甫遠親，知之甚詳。士人中蓋未曾有此事。人有前知者，數千百

年事皆能言之，夢寐亦或有之，以此知萬事無不前定。余以謂不然，事非

前定。方其知時，即是今日，中間年歲，亦與此同時，元非先後。此理宛

然，熟觀之可諭。或曰：「苟能前知，事有不利者，可遷避之。」亦不然

也。苟可遷避，則前知之時，已見所避之事；若不見所避之事，即非前知

。

吳僧文捷，戒律精苦，奇跡甚多。能知宿命，然罕與人言。余群從遘

為知制誥，知杭州，禮為上客。遘嘗學誦《揭帝咒》，都未有人知，捷一

日相見曰：「捨人誦咒，何故闕一句？」既而思其所誦，果少一句。浙人

多言文通不壽，一日齊心，往問捷，捷曰：「公更三年為翰林學士，壽四

十歲。後當為地下職仕，事權不減生時，與楊樂道待制聯曹。然公此時當

衣衰絰視事。」文通聞之，大駭曰：「數十日前，曾夢楊樂道相過云：『

受命與公同職事，所居甚樂，慎勿辭也。』」後數年，果為學士，而丁母

喪，年三十九歲。明年秋，捷忽使人與文通訣別；時文通在姑蘇，急往錢

塘見之。捷驚曰：「公大期在此月，何用更來？宜即速還。」屈指計之，

曰：「急行，尚可到家。」文通如其言，馳還，遍別骨肉；是夜無疾而終

。捷與人言多如此，不能悉記，此吾家事耳。捷嘗持如意輪咒，靈變尤多

，缾中水咒之則湧立。畜一捨利，晝夜常轉於琉璃缾中。捷行道繞之，捷

行速，則捨利亦速；行緩，則捨利亦緩。士人郎忠厚事之至謹，就捷乞以

捨利，捷遂與之，封護甚嚴。一日忽失所在，但空缾耳。忠厚齋戒，延捷

加持，少頃，見觀音像衣上一物，蠢蠢而動，疑其蟲也，試取，乃所亡捨

利。如此者非一。忠厚以余愛之，持以見歸，予家至今嚴奉，蓋神物也。

郢州漁人擲網於漢水，至一潭底，舉之覺重。得一石，長尺餘，圓直如斷

椽，細視之，乃群小蛤，鱗次相比，綢繆鞏固。以物試抉其一端，得一書

卷，乃唐天寶年所造《金剛經》，題志甚詳，字法奇古，其末云：「醫博

士播比陽縣令朱均施。」比陽乃唐州屬邑。不知何年墜水中，首尾略無霑

漬。為土豪李孝源所得，孝源素奉佛，寶佛其書，蛤筒復養之水中。客至

欲見，則出以視之。孝源因感經像之勝異，旋家財萬余緡，寫佛經一藏於

郢州興陽寺，特為嚴麗。
張忠定少時，謁華山陳圖南，遂欲隱居華山。

圖南曰：「他人即不可知。如公者，吾當分半以相奉。然公方有官職，未

可議此。其勢如失火家待君救火，豈可不赴也？」乃贈以一詩曰：「自吳

入蜀是尋常，歌舞筵中救火忙。乞得金陵養閒散，亦須多謝鬢邊瘡。」始

皆不諭其言。後忠定更鎮杭、益，晚年有瘡發於頂後，治不差，遂自請得

金陵，皆如此詩言。忠定在蜀日，與一僧善。及歸，謂僧曰：「君當送我

至鹿頭，有事奉托。」僧依其言至鹿頭關，忠定出一書，封角付僧曰：「

謹收此，後至乙卯年七月二十六日，當請於官司，對眾發之。慎不可私發

，若不待其日及私發者，必有大禍。」僧得其書，至大中祥符七年，歲乙

卯，時凌待郎策師蜀，僧乃持其書詣府，具陳忠定之言。其僧亦有道者，

淩信其言，集從官共開之，乃忠定真容也。其上有手題曰：「詠當血食於

此。」後數日，得京師報，忠定以其年七月二十六日捐館。淩乃為之築廟

於成都。蜀人自唐以來，嚴祀韋南康，自此乃改祠忠定至今。 熙寧七年

，嘉興僧道親，號通照大師，為秀州副僧正。因游溫州雁蕩山，自大龍湫

回，欲至瑞鹿院。見一人衣布襦，行澗邊，身輕若飛，履木葉而過，葉皆

不動。心疑其異人，乃下澗中揖之，遂相與坐於石上，問其氏族、閭裡、

年齒，皆不答。鬚髮皓白，面色如少年。謂道親曰：「今宋朝第六帝也。

更後九年，當有疾。汝可持吾藥獻天子。此藥人臣不可服，服之有大責，

宜善保守。」乃探囊出一丸，指端大，紫色，重如金錫，以授道親曰：「

龍壽丹也。」欲去，又謂道親曰：「明年歲當大疫，吳、越尤甚，汝名已

在死籍。今食吾藥，勉修善業，當免此患。」探囊中取一柏葉與之，道親

即時食之。老人曰：「定免矣。慎守吾藥，至癸亥歲，自詣闕獻之。」言

訖遂去。南方大疫，兩浙無貧富皆病，死者十有五六，道親殊無恙。至元

豐六年夏，夢老人趣之曰：「時至矣，何不速詣闕獻藥？」夢中為雷電驅

逐，惶懼而起，逕詣秀州，具述本末，謁假入京，詣尚書省獻之。執政親

問，以為狂人，不受其獻。明日因對奏知，上急使人追尋，付內侍省問狀

，以所遇對。未數日，先帝果不豫。乃使勾當御藥院梁從政持御香，賜裝

錢百千，同道親乘驛詣雁蕩山，求訪老人，不復見，乃於初遇處焚香而還

。先帝尋康復，謂輔臣曰：「此但預示服藥兆耳。」聞其藥至今在彰善閣

，當時不曾進御。
廬山太平觀，乃九天采訪使者祠，自唐開元中創建。

元豐二年，道士陶智仙營一舍，令門人陳若拙董作。發地忽得一缾，封鐍

甚固，破之，其中皆五色土；唯有一銅錢，文有「應元保運」四字。若掘

得之，以歸其師，不甚為異。至元豐四年，忽有詔進號九天采訪使者為應

元保運真君，遣內侍廖維持御書殿額賜之，乃與錢文符同。時知制誥熊本

提舉太平觀，具聞其事，召本觀主首，推詰其詳，審其無偽，乃以其錢付

廖維表獻之。
祥符中，方士王捷，本黥卒，嘗以罪配沙門島，能作黃金

。有老鍛工畢升，曾在禁中為捷鍛金。升云：「其法為爐灶，使人隔牆鼓

鞴，蓋不欲人覘其啟閉也。其金，鐵為之，初自冶中出。色尚黑。凡百余

兩為一餅。每餅輻解，鑿為八片，謂之『鴉觜金』者是也。」今人尚有藏

者。上令上坊鑄為金龜、金牌各數百，龜以賜近臣，人一枚。時受賜者，

除戚里外，在庭者十有七人，余悉埋玉清昭應宮寶符閣及殿基之下，以為

寶鎮；牌賜天下州、府、軍、監各一，今謂之「金寶牌」者是也。洪州李

簡夫家有一龜，乃其伯祖虛已所得者，蓋十七人之數也。其龜夜中往往出

遊，爛然有光，掩之則無所得。其家至今匱藏。

【卷二十一　異事異疾附】

世傳虹能入溪澗飲水，信然。熙寧中，余使契丹，至其極北黑水境永安山

下卓帳。是時新雨霽，見虹下帳前澗中。余與同職扣澗觀之，虹兩頭皆笄

澗中。使人過澗，隔虹對立，相去數丈，中間如隔綃穀。自西望東則見；

蓋夕虹也。立澗之東西望，則為日所鑠，都無所睹。久之稍稍正東，逾山

而去。次日行一程，又復見之。孫彥先云：「虹，雨中日影也，日照雨即

有之。」
皇祐中，蘇州民家一夜有人以白堊書其牆壁，悉似「在」字，

字稍異。一夕之間，數萬家無一遺者；至於臥內深隱之處，戶牖間無不到

者。莫知其然，後亦無他異。
延州天山之巔，有奉國佛寺，寺庭中有一

墓，世傳屍毗王之墓也。屍毗王出於佛書《大智論》，言嘗割身肉以飼餓

鷹，至割肉盡。今天山之下有濯筋河，其縣為膚施縣。詳「膚施」之義，

亦與屍毗王說相符。按《漢書》，膚施縣乃秦縣名，此時尚未有佛書，疑

後人傅會縣名為說。雖有唐人一碑，已漫滅斷折不可讀。慶歷中，施昌言

鎮鄜、延，乃壞奉國寺為倉，發屍毗墓，得千餘秤炭，其棺槨皆朽，有枯

骸尚完，脛骨長二尺餘，顱骨大如斗。並得玉環玦七十餘件，玉沖牙長僅

盈尺，皆為在位者所取；金銀之物，即入於役夫。爭取珍寶，遺骸多為拉

碎，但佇一小函中埋之。東上閣門使夏元象，時為兵馬都監，親董是役，

為余言之甚詳。至今天山倉側，昏後獨行者往往與鬼神遇，郡人甚畏之。

余於譙亳得一古鏡，以手循之，當其中心，則摘然如灼龜之聲。人或曰：

「此夾鏡也。」然夾不可鑄，須兩重合之。此鏡甚薄，略無焊跡，恐非可

合也。變使焊之，則其聲當銑塞；今扣之，其聲泠然纖遠。既因抑按而響

，剛銅當破，柔銅不能如此澄瑩洞徹。歷訪鏡工，皆惘然不測。 世傳湖

、湘間因震雷，有鬼神書「謝仙火」三字於木柱上，其字入木如刻，倒書

之。此說甚著。近歲秀州華亭縣，亦因雷震，有字在天王寺屋柱上，亦倒

書，云：「高洞楊雅一十六人火令章。」凡十一字，內「令章」兩字特奇

勁，似唐人書體，至今尚在，頗與「謝仙火」事同。所謂「火」者，疑若

隊伍若干人為「一火」耳。余在漢東時，清明日雷震死二人於州守園中，

脅上各有兩字，如墨筆畫，扶疏類柏葉，不知何字。 元厚之少時，曾夢

人告之：「異日當為翰林學士，須兄弟數人同在禁林。」厚之自思素無兄

弟，疑此夢為不然。熙寧中，厚之除學士，同時相先後入學士院子：一人

韓持國維，一陳和叔繹，一鄧文約綰，一楊元素繪，並厚之名絳。五人名

皆從「系」，始悟弟兄之說。
木中有文，多是柿木。治平初，杭州南新

縣民家折柿木，中有「上天大國」四字。余親見之，書法類顏真卿，極有

筆力。「國」字中間「或」字，仍挑起作尖呂，全是顏筆，知其非偽者。

其横畫即是横理，斜畫即是斜理。其木直剖，偶當「天」字中分，而「天

」字不破，上下兩畫並一腳皆横挺出半指許，如木中之節。以兩木合之，

如合契焉。
盧中甫家吳中。嘗未明而起，牆柱之下，有光熠然。就視之

，似水而動。急以油紙扇挹之，其物在扇中滉漾，正如水銀，而光艷爛然

；以火燭之，則了無一物。又魏國大主家亦嘗見此物。李團練評嘗與余言

，與中甫所見無少異，不知何異也。余昔年在海州，曾夜煮鹽鴨卵，其間

一卵，爛然通明如玉，熒熒然屋中盡明。置之器中十餘日，臭腐幾盡，愈

明不已。蘇州錢僧孺家煮一鴨卵，亦如是。物有相似者，必自是一類。

余在中書檢正時，閱雷州奏牘，有人為鄉民詛死，問其狀，鄉民能以熟食

咒之，俄頃膾炙之類悉復為完肉；又咒之，則熟肉復為生肉；又咒之，則

生肉能動，復使之能活，牛者復為牛，羊者復為羊，但小耳；更咒之，則

漸大；既而復咒之，則還為熟食。人有食其肉，覺腹中淫淫而動，必以金

帛求解；金帛不至，則腹裂而死，所食牛羊，自裂中出。獄具案上，觀其

咒語，但日「東方王母桃，西方王母桃」兩句而已。其他但道其所欲，更

無他術。
壽州八公山側土中及溪澗之間，往往得小金餅，上有篆文「劉

主」字，世傳「淮南王藥金」也。得之者至多，天下謂之「印子金」是也

。然止於一印，重者不過半兩而已，鮮有大者。余嘗於壽春漁人處得一餅

，言得於淮水中，凡重七兩余，面有二十餘印，背有五指及掌痕，紋理分

明。傳者以謂泥之所化，手痕正如握泥之跡。襄、隨之間，故舂陵、白水

地，發土多得金麟趾裹□。妙趾中空，四傍皆有文，刻極工巧。裹□作團

餅，四邊無模範跡，似於平物上滴成，如今干柹，土人謂之「柹子金」。

《趙飛燕外傳》：「帝窺趙昭儀浴，多宲金餅，以賜侍兒私婢。」殆此類

也。一枚重四兩余，乃古之一斤也。色有紫艷，非他金可比。以刃切之，

柔甚於鉛；雖大塊，亦可刀切，其中皆虛軟。以石磨之，則霏霏成屑。小

說謂麟趾褭□，乃婁敬所為藥金，方家謂之「婁金」，和藥最良。《漢書

注》亦云：「異於他金。」余在漢東一歲凡數家得之。有一窖數十餅者，

余亦買得一餅。
舊俗正月望夜迎廁神，謂之紫姑。亦不必正月，常時皆

可召。余少時見小兒輩等閒則召之，以為嬉笑。親戚間曾有召之而不肯去

者，兩見有此，自後遂不敢召。景祐中，太常博士王綸家因迎紫姑，有神

降其閨女，自稱上帝后宮諸女，能文章，頗清麗，今謂之《女仙集》，行

於世。其書有數體，甚有筆力，然皆非世間篆隸。其名有藻牋篆、茁金篆

十餘名。綸與先君有舊，余與其子弟游，親見其筆跡。其家亦時見其形，

但自腰以上見之，乃好女子；其下常為雲氣所擁。善鼓箏，音調淒婉，聽

者忘倦。嘗謂其女曰：「能乘雲與我游乎？」女子許之。乃自其庭中湧白

雲如蒸，女子踐之，雲不能載。神曰：「汝履下有穢土，可去履而登。」

女子乃襪而登，如履繒絮，冉冉至屋復下。曰：「汝未可往，更期異日。

」後女子嫁，其神乃不至，其家了無禍福。為之記傳者甚詳。此余目見者

，粗志於此。近歲迎紫姑者極多，大率多能文章歌詩，有極工者。余屢見

之，多自稱蓬萊謫仙。醫卜無所不能，棋與國手為敵。然其靈異顯著，無

如王綸家者。
世有奇疾者。呂縉叔以知制誥知穎州。忽得疾，但縮小，

臨終公如小兒。古人不曾有此疾，終無人識。有松滋令姜愚，無他疾，忽

不識字。數年方稍稍復舊。又有一人家妾，視直物皆曲，弓弦界尺之類，

視之皆如鉤，醫僧奉真親見之。江南逆旅中一老婦，啖物不知飽。徐德占

過逆旅，老婦愬以饑，其子恥之，對德占以蒸餅啖之，盡一竹簣，約百餅

，猶稱饑不已；日飯一石米，隨即痢之，饑復如故。京兆醴泉主簿蔡繩，

余友人也，亦得饑疾，每饑立須啖物，稍遲則頓僕悶絕。懷中常置餅餌，

雖對貴官，遇饑亦便齕啖。繩有美行，博學有文，為時聞人，終以此不幸

。無人識其疾，每為之哀傷。
嘉祐中，揚州有一珠，甚大，天晦多見。

初出於天長縣陂澤中，後轉入甓社湖，又後乃在新開湖中，凡十餘處，居

民行人常常見之。余友人書齋在湖上，一夜忽見其珠，甚近。初微開其房

，光自吻中出。如橫一金線。俄頃忽張殼，其大如半席，殼中白光如銀，

珠大如拳，爛然不可正視。十餘里間林木皆有影，如初日所照；遠處但見

天赤如野火；倏然遠去，其行如飛；浮於波中，杳杳如日。古有明月之珠

，此珠色不類月，熒熒有芒焰，殆類日光。崔伯易嘗為《明珠賦》。伯易

，高郵人，蓋常見之。近歲不復出，不知所往。樊良鎮正當珠往來處，行

人至此，往往維船數宵以待現，名其亭為「玩珠」。
登州巨嵎山，下臨

大海。其山有時震動，山之大石皆頹入海中。如此已五十餘年，土人皆以

為常，莫知何謂。
士人宋述家有一珠，大如雞卵，微紺色，瑩徹如水。

手持之映空而觀，則末底一點凝翠，其上色漸淺；若回轉，則翠處常在下

，不知何物，或謂之「滴翠珠」。佛書：「西域有『琉璃珠』，投之水中

，雖深皆可見，如人仰望虛空月形。」疑此近之。
登州海中，時有雲氣

，如宮室、台觀、城堞、人物、車馬、冠蓋，歷歷可見，謂之「海市」。

或日「蛟蜃之氣所為」，疑不然也。歐陽文忠曾出使河朔，過高唐縣，驛

捨中夜有鬼神自空中過，車馬人畜之聲一一可辨，其說甚詳，此不具紀。

問本處父老，云：「二十年前嘗晝過縣，亦歷歷見人物。」土人亦謂之「

海市，」與登州所見大略相類也。
近歲延州永寧關大河岸崩，入地數十

尺，土下得竹筍一林，凡數百莖，根幹相連，悉化為石。適有中人過，亦

取數莖去，雲欲進呈。延郡素無竹，此入在數十尺土下，不知其何代物。

無乃曠古以前，地卑氣濕而宜竹耶？婺州金華山有松石，又如核桃、蘆根

、蛇蟹之類，皆有成石者；然皆其地本有之物，不足深怪。此深地中所無

，又非本土所有之物，特可異耳。
治平中，澤州人家穿井，土中見一物

，蜿蜿如龍蛇。大畏之，不敢角，久之，見其不動，試摸之，乃石也。村

民無知，遂碎之，時程伯純為晉城令，求得一段，鱗甲皆如生物。蓋蛇蜃

所化，如石蟹之類。
隨州醫蔡士寧常寶一息石，云：「數十年前得於一

道人。」其色紫光，如辰州丹砂；極光瑩，如映人；搜和藥劑；有纏紐之

紋；重如金錫。其上有兩三竅，以細篾剔之，出赤屑如丹妙。病心狂熱者

，服麻子許即定。其斤兩歲息。士寧不能名，忽以歸余。或雲「昔人所練

丹藥也。」形色既異，又能滋息，必非凡物，當求識者辨之。 隨州大洪

山作人李遙，殺人亡命。逾年，至秭歸，因出市，見鬻柱杖者，等閒以數

十錢買之。是時秭歸適又有邑民為人所殺，求賊甚急。民之子見遙所操杖

，識之，曰：「此吾父杖也。」遂以告官司。執遙驗之，果邑民之杖也，

榜掠備至。遙實買杖，而鬻仗者已不見，卒未有以自明。有司詰其行止來

歷，勢不可隱，乃通隨州，而大洪殺人之罪遂敗。卒不知鬻杖者何人。市

人千萬，而遙適值之，因緣及其隱匿，此亦事之可怪者。至和中，交趾

獻麟，如牛而大，通身皆大麟，首有一角。考之記傳，與麟不類，當時有

謂之山犀者。然犀不言有麟，莫知其的。回詔欲謂之麟，則慮夷獠見欺；

不謂之麟，則未有以質之；止謂之「異獸」，最為慎重有體。今以余觀之

，殆天祿也。按《漢書》：「靈帝中平三年，鑄天祿、蝦□於平門外。」

注云：「天祿，獸名。今鄧州南陽縣北《宗資碑》旁兩獸，鐫其膊，一曰

天祿，一曰辟邪。」元豐中，余過鄧境，聞此石獸尚在，使人墨其所刻天

祿、辟邪字觀之，似篆似隸。其獸有角鬣，大鱗如手掌。南豐曾阜為南陽

令，題宗資碑陰云：「二獸膜之所刻獨在，制作精巧，高七八尺，尾鬣皆

鱗甲，莫知何象而名此也。」今詳其形，甚類交趾所獻異獸，知其必天祿

也。
錢塘有聞人紹者，常寶一劍。以十大釘陷柱中，揮劍一削，十釘皆

截，隱如秤衡，而劍鑱無纖跡。用力屈之如鉤，縱之鏗然有聲，復直如弦

。關中種諤亦畜一劍，可以屈置盒中，縱之復直。張景陽《七命》論劍曰

：「若其靈寶，則舒屈無方。」蓋自古有此一類，非常鐵能為也。 嘉祐

中，伯兄為衛尉丞，吳僧持一寶鑒來云：「齋戒照之，當見前途吉凶。」

伯兄如其言，乃以水濡其鑒，鑒不甚明，彷彿見如人衣緋衣而坐。是時伯

兄為京寺丞，衣綠，無緣遽有緋衣。不數月，英宗即位，覃恩賜緋。後數

年，僧至京師，蔡景繁時為御史，嘗照之，見已著貂蟬，甚自喜。不數日

，攝官奉祠，遂假蟬冕。景繁終於承議郎，乃知鑒之所卜，唯知近事耳。

三司使宅，本印經院，熙寧中，更造三司宅。處薛師政經始，宅成，日官

周琮曰：「此宅前河，後直太社，不利居者。」始自元厚之，自拜日入居

之。不久，厚之謫去，而曾子宣繼之。子宣亦謫去，子厚居之。子厚又逐

，而余為三司使，亦以罪去。李奉世繼為之，而奉世又謫。皆不緣三司職

事，悉以他坐褫削。奉世去，發厚卿主計，而三司官廢，宅毀為官寺，厚

卿亦不終任。
《嶺表異物誌》記鱷魚甚詳。余少時到閩中，時王舉直知

潮州，釣得一鱷，其大如船，畫以為圖，而自序其下。大體其形如鼉，但

喙長等其身，牙如鋸齒。有黃、蒼二色，或時有白者。尾有三鉤，極銛利

，遇鹿豕即以尾戟之以食。生卵甚多，或為魚，或為鼉、黿其為鱷者不過

一二。土人設鉤於大豕之身，筏而流之水中，鱷尾而食之，則為所斃。

嘉祐中，海州漁人獲一物，魚身而首如虎，亦作虎文；有兩短足在肩，指

爪皆虎也；長八、九尺。視人輒淚下。舁至郡中，數日方死。有父老云：

「昔年曾見之，謂之『海蠻師』。」然書傳小說未嘗載。 邕州交寇之後

，城壘方完，有定水精捨泥佛，輒自動搖，晝夜不息，如此逾月。時新經

兵亂，人情甚懼。有司不敢隱，具以上聞，遂有詔令，置道場禳謝，動亦

不已。時劉初知邕州，惡其惑眾，乃舁像投江中。至今亦無他異。 洛中

地內多宿藏，凡置第宅未經掘者，例出掘錢。張文孝左丞始以數千緡買洛

大第，價已定，又求掘錢甚多，文孝必欲得之。累增至千餘緡方售，人皆

以為妄費。及營建廬捨，土中得一石匣，不甚大，而刻鏤精妙，皆為花鳥

異形，頂有篆字二十餘，書法古怪，無人能讀。發匣，得共金數百兩。鬻

之，金價正如買第之直，斸掘錢亦在其數，不差一錢。觀其窾識文畫，皆

非近古所有。數已前定，則雖欲無妄費，安可得也？ 熙寧九年，恩州武

成縣有旋風自東南來，望之插天如羊角，大木盡拔。俄頃旋風捲入雲霄中

。既而漸近，乃經縣城，官捨民居略盡。悉捲入雲中。縣令兒女奴婢，捲

去復墜地，死傷者數人。民間死傷亡失者，不可勝計。縣城悉為丘墟，遂

移今縣。
宋次道《春明退朝錄》言：「天聖中，青州盛冬濃霜，屋瓦皆

成面花之狀。」此事五代時已嘗有之，余亦自兩見如此。慶歷中，京師集

禧觀渠中，冰紋皆成花果林木。元豐末，余到秀州，人家屋瓦上冰亦成花

。每瓦一枝，正如畫家所為折枝，有大花似牡丹、芍藥者。細藥如海棠、

萱草輩者，皆有枝葉，無毫髮不具，氣象生下，雖巧筆不能為。以紙搨之

，無異石刻。
熙寧中，河州雨雹，大者如雞卵，小者如蓮芡，悉如人蓮

芡，悉如人頭，耳目口鼻皆具，無異鐫刻。次年，王師平河州，蕃戎授首

者甚眾，豈克勝之符豫告邪？

Volume 22-26

【卷二十二　謬誤譎詐附】

東南之美，有會稽之竹箭。竹為竹，箭為箭，蓋二物也。今采箭以為矢，

而通謂矢為箭者，因其箭名之也。至於用木為笴，而謂之箭，則謬矣。

丁晉公之逐，士大夫遠嫌，莫敢與之通聲問。一日，忽有一書與執政。執

政得之，不敢發，立具上聞。洎發之，乃表也，深自敘致，詞頗哀切。其

間兩句曰：「雖遷陵之罪大，念立主之功多。」遂有北還之命。謂多智變

，以流人無因達章奏，遂托為執政書。度以上聞，因蒙寬宥。 嘗有人自

負才名，後為進士狀首，揚歷貴近。曾謫官知海州，有筆工善畫水，召使

畫便廳掩障，自為之記，自書丁壁間。後人以其時名，至今嚴護之。其間

敘畫水之因曰：「設於聽事，以代反坫。」人莫不怪之。余竊意其心，以

謂「邦君屏塞門，管氏亦屏塞門；邦君為兩君之好，有反坫，管氏亦有反

坫。」其文相屬，故繆以屏為反坫耳。
段成式《酉陽雜俎》記事多誕。

其間敘草木異物，尤多謬妄。率記異國所出，欲無根柢。如云「一木五香

：根旃檀，節沉香，花雞舌，葉藿，膠薰陸。」此尤謬。旃檀與沉香，兩

木元異。雞舌即今丁香耳，今藥品中所用者亦非。藿香自是草葉，南方至

多。薰陸，小木而大葉，海南亦有薰陸，乃其膠也，今謂之乳頭香。五物

迥殊，元非同類。
丁晉公從車駕巡幸，禮成，有詔賜輔臣玉帶。時輔臣

八人，行在祗侯庫止有七帶。尚衣有帶，謂之比玉，價直數百萬，上欲以

賜輔臣，以足其數。晉公心欲之，而位在七人之下，度必不及已。乃諭有

司，不須發尚衣帶，自有小私帶，且可服之以謝，候還京別賜可也。有司

具以此聞。既各受賜，而晉公一帶僅如指闊。上顧謂近侍曰：「丁謂帶與

同列大殊，速求一帶易之。」有司奏「唯有尚衣御帶」，遂以賜之。其帶

熙寧中復歸內府。
黃宗旦晚年病目。每奏事，先具奏目，成誦於口。至

上前，展奏目誦之，其實不見也。同列害之。密以他書易其奏目，宗旦不

知也。至上前，所誦與奏目不同，歸乃覺之。遂乞致仕。 京師賣卜者，

唯利舉場時舉人占得失。取之各有術：有求目下之利者，凡有人問，皆曰

「必得。」士人樂得所欲，竟往問之。有邀以後之利者，凡有人問，悉曰

「不得」。下第者常過十分之七，皆以謂術精而言直，後舉倍獲。有因此

著名。終身饗利者。
包孝肅尹京，號為明察。有編民犯法，當杖脊。吏

受賕，與之約曰：「今見尹，必付我責狀。汝第呼號自辯，我與汝分此罪

。汝決杖，我亦決杖。」既而包引囚問畢，果付吏責狀。囚如吏言，分辯

不已。吏大聲訶之曰：「但受脊杖出去，何用多言！」包謂其市權，捽吏

於庭，杖之十七。特寬囚罪，止從杖坐，以抑吏勢。不知乃為所賣，卒如

素約。小人為奸，固難防也。孝肅天性峭嚴，未嘗有笑容，人謂「包希仁

笑比黃河清」。
李溥為江、淮發運使，每歲奏計，則以大船載東南美貨

，結納當途，莫知紀極。章獻太后垂簾時，溥因奏事，盛稱浙茶之美，云

：「自來進御，唯建州餅茶，而浙茶未嘗修貢。本司以羨余錢買到數千斤

，乞進入內。」自國門挽船而入，稱進奉茶綱，有司不敢問。所貢余者，

悉入私室。溥晚年以賄敗，竄謫海州。然自此遂為發運司歲例，每發運使

入奏，舳艫蔽川，自泗州七日至京。余出使淮南時，見有重載入汴者，求

得其籍，言兩浙箋紙三暖船，他物稱是。
崔融為《瓦松賦》云：「謂之

木也，訪山客而未詳；謂之草也，驗農皇而罕記。」段成式難之曰：「崔

公博學，無不該悉，豈不知瓦松已有著說？」引梁簡文詩：「依簷映昔耶

。」成式以昔耶為瓦松，殊不知昔耶乃是垣衣，瓦松自名昨葉，保成式亦

自不識？

江南陳彭年，博學書史，於禮文尤所詳練。歸朝列於侍從，朝

廷郊廟禮儀，多委彭年裁定，援引故事，頗為詳洽。嘗攝太常卿，導駕，

誤行黃道上。有司止之，彭年正色回顧曰：「自有典故。」禮曹素畏其該

洽，不復敢詰問。

海物有車渠，蛤屬也，大者如箕，背有渠壟，如蚶殼

，故以為器，致如白玉。生南海。《尚書大傳》曰：「文王囚於羑裡，散

宜生得大貝，如車渠以獻紂。」鄭康成乃解之曰：「渠，車罔也。」蓋康

成不識車渠，謬解之耳。

李獻臣好為雅言。曾知鄭州，時孫次公為陝漕

罷赴闕，先遣一使臣入京。所遣乃獻臣故吏，到鄭庭參，獻臣甚喜，欲令

左右延飯，乃問之曰：「餐來未？」使臣誤意「餐」者謂次公也，遽對曰

：「離長安日，都運待制已治裝。」獻臣曰：「不問孫待制，官人餐來未

？」其人慚沮而言曰：「不敢仰昧，為三司軍將日，曾吃卻十三。」蓋鄙

語謂遭杖為餐。獻臣掩口曰：「官人誤也。問曾與未曾餐飯，欲奉留一食

耳」。

【卷二十三　譏謔】

石曼卿為集賢校理，微行倡館。為不逞者所窘。曼卿醉與之校，為街司所

錄。曼卿詭怪不羈，謂主者曰：「只乞就本廂科決，欲詰且歸館供職。」

廂帥不喻其謔，曰：「此必三館吏人也。」杖而遣之。司馬相如敘上林

諸水曰：丹水、紫淵，灞、滻、涇、渭，「八川分流，相背而異態」，「

灝溔潢漾」，「東注太湖。」李善註：「太湖，所謂震澤。」按八水皆入

大河，如何得東注震澤？又白樂天《長恨歌》云：「峨嵋山下少人行，旌

旗無光日色薄。」峨嵋在嘉州，與幸蜀路全無交涉。杜甫《武侯廟柏》詩

云：「霜皮溜雨四十圍，黛色參天二千尺。」四十圍乃是徑七尺，無乃太

細長乎？防風氏身廣九畝，長三尺，姬室畝廣六尺，九畝乃五丈四尺，如

此防風之身，乃一餅餤耳。此亦文章之病也。庫藏中物，物數足而名差

互者，帳籍中謂之「色繳」。音叫。嘗有一從官，知審官西院，引見一武

人，於格合遷官，其人自陳年六十，無材力，乞致仕，敘致謙厚，甚有可

觀。主判攘手曰：「某年七十二，尚能拳歐數人。此轅門也，方六十歲，

豈得遽自引退！」京師人謂之「色緻」。
舊日官為中允者極少，唯老於

幕官者。累資方至，故為之者多潦倒之人。近歲州縣官進用者，多除中允

。遂有「冷中允」、「熱中允」。又集賢院修撰，舊多以館閣久次者為之

。近歲有自常官超授要任，未至從官者多除修撰。亦有「冷撰」、「熱撰

」。時人謂「熱中允不博冷修撰。」
梅詢為翰林學士，一日，書詔頗多

，屬思甚苦，操觚循階而行，忽見一老卒，臥於日中，欠伸甚適。梅忽歎

曰：「暢哉！」徐問之曰：「汝識字乎？」曰：「不識字。」梅曰：「更

快活也！」
有一南方禪到京師，衣間緋袈裟。主事僧素不識南宗體式，

以為妖服，執歸有司，尹正見之，亦遲疑未能斷。良久，喝出禪僧，以袈

裟送報慈寺泥迦葉披之。人以謂此僧未有見處，卻是知府具一隻眼。 士

人應敵文章，多用他人議論，而非心得。時人為之語曰：「問即不會，用

則不錯。」
張唐卿進士第一人及第，期集於興國寺，題壁云：「一舉首

登龍虎榜，十年身到鳳凰池。」有人續其下云：「君看姚曄並梁固，不得

朝官未可知。」後果終於京官。
信安、滄、景之間，多蚊虻。夏月，牛

馬皆以泥塗之，不爾多為蚊虻所斃。效行不敢乘馬，馬為蚊虻所毒，則狂

逸不可制。行人以獨輪小車，馬鞍蒙之以乘，謂之「木馬」。挽車者皆衣

韋褲。冬月作小坐床，冰上拽之，謂之「凌床」。余嘗按察河朔，見挽床

者相屬，問其所用，曰：「此運使凌床」，「此提刑凌床」也。聞者莫不

掩口。
廬山簡寂觀道士王告，好學有文，與星子令相善。有邑豪修醮，

告當為都工。都工薄有施利，一客道士自言衣紫，當為都工，訟於星子云

：「職位顛倒，稱號不便。」星子令封牒與告，告乃判牒曰：「客僧做寺

主，俗諺有云：散眾奪都工，教門無例。雖紫衣與黃衣稍異，奈本觀與別

觀不同。非為稱呼，蓋利乎其中有物；妄自尊顯，豈所謂大道無名。宜自

退藏，無抵刑憲。」告後歸本貫登科，為健吏，至祠部員外郎、江南西路

提點刑獄而卒。
舊制，三班奉職月俸錢七百，驛羊肉半斤。祥符中，有

人為詩，題所在驛捨間曰：「三班奉職實堪悲，卑賤孤寒即可知。七百料

錢何日富，半斤羊肉幾時肥。」朝廷聞之曰：「如此何以責廉隅？」遂增

今俸。
嘗有一名公，初任縣尉，有舉人投書索米，戲為一詩答之曰：「

五貫九百五十俸，省錢請作足錢用。妻兒尚未厭糟糠，僮僕豈免遭饑凍？

贖典贖解不曾休，吃酒吃肉何曾夢？為報江南癡秀才，更來謁索覓甚甕。

」熙寧中，例增選人俸錢，不復有五貫九百俸者，此實養廉隅之本也。

石曼卿初登科，有人訟科場，覆考落數人，曼卿是其數。時方期集於興國

寺，符至，追所賜敕牒靴服。數人皆啜泣而起，曼卿獨解靴袍還使人，露

體戴帕頭，復坐，語笑終席而去。次日，被黜者皆授三班借職。曼卿為一

絕句曰：「無才且作三班借，請俸爭如錄事參。從此罷稱鄉貢進，且須走

馬東西南。」
蔡景繁為河南軍巡判官日，緣事至留司御史台閱案牘，得

乾德中回南郊儀仗使司牒檢云：「準來文取索本京大駕鹵簿，勘會本京鹵

簿儀仗，先於清泰年中，末帝將帶逃走，不知所在。」江南寧齊丘，智

謀之士也。自以謂江南有精兵三十萬：士卒十萬，大江當十萬，而已當十

萬。江南初主，本徐溫養子，及僭號，遷徐氏於海陵。中主繼統，用齊丘

謀，徐氏無男女少長，皆殺之。其後，齊丘嘗有一小兒病，閉閤謝客，中

主置燕召之，亦不出。有老樂工，且雙瞽，作一詩書紙鳶上，放入齊丘第

中，詩曰：「化家為國實良圖，總是先生畫計謨。一個小兒拋不得，上皇

當日合何如？」海陵州宅之東，至今有小兒墳數十，皆當時所殺徐氏之族

也。
有一故相遠派在姑蘇，有嬉游，書其壁曰：「大丞相再從侄某嘗游

。」有士人李璋，素好訕謔，題其傍曰：「混元皇帝三十七代孫李璋繼至

。」
吳中一士人，曾為轉運司別試解頭，以此自負，好附托顯位。是時

侍御史李制知常州，丞相莊敏龐公知湖州。士人游毗陵，挈其徒飲倡家，

顧謂一騶卒曰：「汝往白李二，我在此飲，速遣有司持酒餚來。」李二，

謂李御史也。俄頃，郡廚以飲食至，甚為豐腆。有一蓐醫。適在其家，見

其事，後至御史之家，因語及之。李君極怪，使人捕得騶卒，乃兵馬都監

所假，受士人教戒，就使庖買飲食，以紿坐客耳。李乃杖騶卒，使街司白

士人出城。郡僚有相善者，出與之別，唁之曰：「倉卒遽行，當何所詣？

」士人應之曰：「且往湖州，依龐九耳。」聞者莫不大笑。 館閣每夜輪

校官一人直宿，如有故不宿，則虛其夜，謂之「豁宿」。故事，豁宿不得

過四，至第五日即須入宿。遇豁宿，例於宿歷名位下書：「腹肚不安，免

宿。」故館閣宿歷，相傳謂之「害肚歷」。
吳人多謂梅子為「曹公」，

以其嘗望梅止渴也。又謂鵝為「右軍」，以其好養鵝也。有一士人遺人醋

梅與燖鵝，作書云：「醋浸曹公一甏，湯燖右軍兩只，聊備於饌。」

【卷二十四　雜誌一】

延州今有五城，說者以謂舊有東西二城，夾河對立；高萬興典郡，始展南

北東三關城。余因讀杜甫詩云：「五城何迢迢，迢迢隔河水。」「延州秦

北戶，關防猶可倚。」乃知天寶中已有五城矣。
鄜、延境內有石油，舊

說「高奴縣出脂水」，即此也。生於水際，沙石與泉水相雜，惘惘而出，

土人以雉尾甃之，用采入缶中。頗似淳漆，然之如麻，但煙甚濃，所沾幄

幕皆黑。余疑其煙可用，試掃其煤以為墨，黑光如漆，松墨不及也，遂大

為之，其識文為「延川石液」者是也。此物後必大行於世，自余始為之。

蓋石油至多，生於地中無窮，不若松木有時而竭。今齊、魯間松林盡矣，

漸至太行、京西、江南，松山大半皆童矣。造煤人蓋知石煙之利也。石炭

煙亦大，墨人衣。余戲為《延州詩》云：「二郎山下雪紛紛，旋卓穹廬學

塞人。化盡素衣冬未老，石煙多似洛陽塵。」
解州鹽澤之南，秋夏間多

大風，謂之「鹽南風」，其勢發屋拔木，幾欲動地，然東與南皆不過中條

，西不過席張舖，北不過鳴條，縱廣止於數十里之間。解鹽不得此風不冰

，蓋大鹵之氣相感，莫知其然也。又汝南亦多大風，雖不及鹽南之厲，然

亦甚於他處，不知緣何如此？或云：「自城北風穴山中出。」今所謂風穴

者已夷以矣，而汝南自若，了知非有穴也。方諺云：「汝州風，許州蔥。

」其來素矣。
昔人文章用北狄事，多言黑山。黑山在大幕之北，今謂之

姚家族，有城在其西南，謂之慶州。余奉使，嘗帳宿其下。山長數十里，

土石皆紫黑，似今之磁石。有水出其下，所謂黑水也。胡人言黑水原下委

高，水曾逆流。余臨視之，無此理，亦常流耳。山在水之東。大底北方水

多黑色，故有盧龍郡。北人謂水為龍，盧龍即黑水也。黑水之西有連山，

謂之夜來山，極高峻。契丹墳墓皆在山之東南麓，近西有遠祖射龍廟，在

山之上，有龍舌藏於廟中，其形如劍。山西別是一族，尤為勁悍，唯啖生

肉血，不火食，胡人謂之「山西族」，北與「黑水胡」、南與「達靼」接

境。
余姻家朝散郎王九齡常言：其祖貽永侍中，有女子嫁諸司使夏偕，

因病危甚，服醫朱嚴藥，遂差。貂蟬喜甚，置酒慶之。女子於坐間求為朱

嚴奏官，貂蟬難之，曰：「今歲恩例已許門醫劉公才，當候明年。」女子

乃哭而起，逕歸不可留。貂蟬追謝之，遂召公才，諭以女子之意，輟是歲

恩命以授朱嚴。制下之日而嚴死。公才乃囑王公曰：「朱嚴未受命而死，

法容再奏。」公然之，再為公才請。及制下，公才之尉氏縣，使人召之。

公才方飲酒，聞得官，大喜，遂暴卒。一四門助教，而死二醫。一官不可

妄得，況其大者乎。
趙韓王治第，麻擣錢一千二百余貫，其他可知。蓋

屋皆以板為笪，上以方磚甃之，然後布瓦，至今完壯。塗壁以麻擣土，世

俗遂謂塗壁麻為麻擣。
契丹北境有跳兔，形皆兔也，但前足才寸許，後

足幾一尺。行則用後足跳，一躍數尺，止則蹶然撲地。生於契丹慶州之地

大莫中。余使虜日，捕得數兔持歸。蓋《爾雅》所謂蹶兔也，亦日「蛩蛩

巨驢」也。
蟭蟟之小而綠色者，北人謂之螓，即《詩》所謂「螓首蛾眉

」者也，取其頂深且方也。又閩人謂大蠅為胡螓，亦螓之類也。 北方有

白雁，似雁而小，色白，秋深則來。白雁至則霜降，河北人謂之「霜信」

。杜甫詩云：「故國霜前白雁來。」即此也。
熙寧中，初行淤田法。論

者以謂《史記》所載：「涇水一斛，其泥數鬥，且糞且溉，長我禾黍。」

所謂「糞」，即「淤」也。余出使至宿州，得一石碑，乃唐人鑿六陟門，

發汴水以淤下澤，民獲其利，刻石以頌刺史之功。則淤田之法，其來蓋久

矣。
余奉使河北，邊太行而北，山崖之間，往往銜螺蚌殼及石子如鳥卵

者，橫亙石壁如帶。此乃昔之海濱，今東距海已近千里。所謂大陸者，皆

濁泥所湮耳。堯殛鯀於羽山，舊說在東海中，今乃在平陸。凡大河、漳水

、滹沱、涿水、桑乾之類，悉是濁流。今關、陝以西，水行地中，不減百

余尺，其泥歲東流，皆為大陸之土，此理必然。
唐李翱為《來南錄》云

：「自淮沿流，至於高郵，乃泝至於江。」《孟子》所謂「決汝、漢，排

淮、泗而注之江。」則淮、泗固嘗入江矣。此乃禹之舊跡也。熙寧中，曾

遣使按圖求之，故道宛然。但江、淮已深，其流無復能至高郵耳。 余中

表兄李善勝，曾與數年輩煉硃砂為丹。經歲余，因沐砂再入鼎，誤遺下一

塊，其徒丸服之，遂發懵冒，一夕而斃。硃砂至涼藥，初生嬰子可服，因

火力所變，遂能殺人。以變化相對言之，既能變而為大毒，豈不能變而為

大善？既能變而殺人，則宜有能生人之理，但未得其術耳。以此和神仙羽

化之方，不可謂之無，然亦不可不戒也。
溫州雁蕩山，天下奇秀，然自

古圖牒，未嘗有言者。祥符中，因造玉清宮，伐山取材，方有人見之，此

時尚未有名。按西域書，阿羅漢諾矩羅居震旦東南大海際雁蕩山芙蓉峰龍

湫。唐僧貫休為《諾矩羅贊》，有「雁蕩經行雲漠漠，龍湫宴坐雨濛濛」

之句。此山南有芙蓉峰，峰下芙蓉驛，前瞰大海，然未知雁蕩、龍湫所在

。後因伐木，始見此山。山頂有大池。相傳以為雁蕩。下有二潭水，以為

龍湫。又以經行峽、宴坐峰，皆後人以貫休詩名之也。謝靈運為永嘉守，

凡永嘉山水，游歷殆遍，獨不言此山，蓋當時未有雁蕩之名。余觀雁蕩諸

峰，皆峭拔崟怪，上聳千尺，窮崖巨谷，不類他山。皆包在諸谷中，自嶺

外望之，都無所見；至谷中，則森然千霄。原其理，當是為谷中大水沖激

，沙土盡去，唯巨石巋然挺立耳。如大小龍湫、水簾、初月谷之類，皆是

水鑿音漕去聲。之穴，自下望之，則高巖峭壁；從上觀之，適與地平，以

至諸峰之頂，亦低於山頂之地面。世間溝壑中水鑿之處，皆有植土龕巖，

亦此類耳。今成皋、峽西大澗中，立土動及百尺，迥然聳立，亦雁蕩具體

而微者，但此土彼石耳。既非挺出地上，則為深谷林莽所蔽，故古人未見

，靈運所不至，理不足怪也。
內諸司捨屋，唯秘閣最宏壯。閣下穹隆高

敞，相傳謂之「木天」。
嘉祐中，蘇州昆山縣海上，有一船桅折，風飄

抵岸。船中有三十餘人，衣冠如唐人，系紅▫角帶，短皂布衫。見人皆慟

哭，語方不可曉。試令書字，字亦不可讀。行則相綴如雁行。久之，自出

一書示人，乃唐天祐中告授乇羅島首領陪戎副尉制；又有一書，乃是上高

麗表，亦稱乇羅島，皆用漢字。蓋東夷之臣屬高麗者。船中有諸谷，唯麻

子大如蓮的，蘇人種之，初歲亦如蓮的，次年漸小。數年後只如中國廄子

。時贊善大夫韓正彥知昆山縣事，召其人，犒以酒食。食罷，以手捧首而

□。意若歡感。正彥使人為其治桅，桅舊植船木上，不可動，工人為之造

轉軸，教其起倒之法。其人又喜，復捧首而□。熙寧中，珠輦國使人入

貢，乞依本國俗撒殿，詔從之。使人以金盤貯珠，跪捧於殿檻之間，以金

蓮花酌珠，向御座撒之，謂之「撒殿，」乃其國至敬之禮也。朝退，有司

掃徹得珠十餘兩，分賜是日侍殿閤門使副內臣。方家以磁石磨針鋒，則

能指南，然常微偏東，不全南也，水浮多蕩搖。指爪及碗唇上皆可為之，

運轉尤速，但堅滑易墜，不若縷懸為最善。其法取新纊中獨繭縷，以芥子

許蠟，綴於針腰，無風處懸之，則針常指南。其中有磨而指北者。余家指

南、北者皆有之。磁石之指南，猶柏之指西，莫可原其理。 歲首畫鐘馗

於門，不右起自何時。皇祐中，金陵發一塚，有石志，乃宋宗慤母鄭夫人

。宗慤有妹名鐘道，則知鐘馗之設亦遠。信州杉溪驛捨中，有婦人題壁

數百言。自敘世家本士族，父母以嫁三班奉職鹿生之子；鹿忘其名。娩娠

方三日，鹿生利月俸。逼令上道，遂死於杉溪。將死，乃書此壁，具逼迫

苦楚之狀，恨父母遠，無地赴訴。言極哀切，頗有詞藻，讀者無不感傷。

既死，稿葬之驛後山下。行人過此，多為之憤激，為詩以吊之者百余篇。

人集之，謂之《鹿奴詩》，其間甚有佳句。鹿生，夏文莊家奴，人惡其貪

忍，故斥為「鹿奴」。
士人以氏族相高，雖從古有人，然未嘗著盛。自

魏氏銓總人物，以氏族相高，亦未專任門地。唯四夷則全以氏族為貴賤。

如天竺以剎利、婆羅門二姓為貴種：自余皆為庶姓，如毗捨、首陀是也。

其下又有貧四姓，如工、巧、純、陀是也。其他諸國亦如是。國主大臣，

各有種姓，苟非貴種，國人莫肯歸之；庶性雖有勞能，亦自甘居大姓之下

。至今如此。自後魏據中原，此俗遂盛行於中國，故有八氏、十姓、三十

六族、九十二姓。凡三世公者曰「膏粱」，有令僕者曰「華腴」。尚書、

領、護而上者為「甲姓」，九卿、方伯者為「乙姓」，散騎常侍、太中大

夫者為：「丙姓」，吏部正員郎為「丁姓」。得入者謂之「四姓」。其後

遷易紛爭，莫能堅定，遂取前世仕籍，定以博陵崔、范陽盧、隴西李、滎

陽鄭為甲族。唐高宗時又增太原王、清河崔、趙郡李，通謂「七姓」。然

地勢相傾，互相排抵，各自著書，盈編連簡，殆數十家，至於朝廷為之置

官譔定。而流習所徇，扇以成俗，雖國勢不能排奪。大率高下五等，通有

百家，皆謂之士族，此外悉為庶姓，婚宦皆不敢與百家齒，陝西李氏乃皇

族，亦自列在第三，其重族望如此。一等之內，又如崗頭盧、澤底李、土

門崔、靖恭楊之類，自為鼎族。其俗至唐末方漸衰息。茶牙，古人謂之

雀舌、麥顆，言其至嫩也。今茶之美者，其質素良，而所植之木又美，則

新牙一發，便長寸餘，其細如針。唯牙長為上品，以其質榦、土力皆有餘

故也。如雀舌、麥顆者，極下材耳，乃北人不識，誤為品題。余山居有《

茶論》，《嘗茶》詩云：「誰把嫩香名雀舌？定知北客示曾嘗。不知靈草

天然異，一夜風吹一寸長。」
閩中荔枝，核有小如丁香者，多肉而甘。

土人亦能為之，取荔枝木去其宗根，仍火燔令焦，復種之，以大石抵其根

，但令傍根得生，其核乃小，種之不復牙。正如六畜去勢，則多肉而不復

有子耳。
元豐中，慶州界生子方蟲，方為秋田之害。忽有一蟲生，如土

中狗蠍，其喙有鉗，千萬蔽地。遇子方蟲，則以鉗搏之，悉為兩段。旬日

，子方皆盡。歲以大穰。其是舊曾有之，土人謂之傍不肯。 養鷹鸇者，

其類相語，謂之□以麥反。潄。三館書有《□潄》三卷，皆養鷹鸇法度，

及醫療之術。
處士劉易，隱居王屋山。嘗於齋中見一大蜂，□於蛛網，

蛛搏之，為蜂所螫墜地。俄頃，蛛鼓腹欲烈，徐行入草。蛛嚙芋梗微破，

以瘡就嚙處磨之，良久腹漸消，輕躁如故。自後人有為蜂螫者，挼芋梗傅

之則愈。
宋明帝好食蜜漬鱁□，一食數升。鱁□乃今之烏賊腸也，如何

以蜜漬食之？大業中，吳郡貢蜜蟹二千頭、蜜擁劍四甕。又何胤嗜糖蟹。

大底南人嗜鹹，北人嗜甘。魚蟹加糖蜜，蓋便於北俗也。如今之北方人，

喜用麻油煎物，不問何物，皆用油煎。慶歷中，群學士會於玉堂，使人置

得生蛤蜊一簣，令饔人烹之。久且不至，客訝之，使人檢視，則曰：「煎

之已焦黑，而尚未爛。」坐客莫不大笑。余嘗過親家設饌，有油煎法魚，

鱗鬣虯然，無下筯處。主人則捧而橫嚙，終不能咀嚼而罷。 漳州界有一

水，號烏腳溪，涉者足皆如黑。數十里間，水皆不可飲，飲則病瘴，行人

皆載水自隨。梅龍圖公儀宦州縣時，沿牒至漳州；素多病，預憂瘴癘為害

，至烏腳溪，使數人肩荷之，以物蒙身，恐為毒水所沾。兢惕過甚，瞧盱

矍鑠，忽墜水中，至於沒頂。乃出之，舉體黑如崑崙，自謂必死。然自此

宿病盡除，頓覺康健，無復昔之羸瘵。又不知何也？ 北嶽恆山，今謂之

大茂山者是也。半屬契丹，以大茂山分脊為界。岳祠舊在山下，石晉之後

，稍遷近裡。今其地謂之神棚，今祠乃在曲陽。祠北有望岳亭，新晴氣清

，則望見大茂。祠中多唐人故碑，殿前一亭，中有李克用題名云：「太原

河東節度使李克用，親領步騎五十萬，問罪幽陵，回師自飛狐路即歸雁門

。」今飛狐路在茂之西，自銀冶寨北出倒馬關，度虜界，卻自石門子、令

水舖入瓶形、梅回兩寨之間，至代州。今此路已不通，唯北寨西出承天閣

路，可至河東，然路極峭狹。太平興國中，車駕自太原移幸垣山，乃由土

門路。至今有行宮。
鎮陽池苑之盛，冠於諸鎮，乃王鎔時海子園也。鎔

嘗館李正威於此。亭館尚是舊物，皆甚壯麗。鎮人喜大言，矜大其池，謂

之「潭園」，蓋不知昔嘗謂之「海子」矣。中山人常好與鎮人相雌雄，中

山城北園中亦有大池，遂謂之海子，以壓鎮之潭園。余熙寧中奉使鎮定，

時薛師政為定帥，乃與之同議，展海子直抵西城中山王塚，悉為稻田。引

新河水注之，清波瀰漫數里，頗類江鄉矣。

【卷二十五　雜誌二】

宣州寧國縣多積首蛇，其長盈尺，黑鱗白章，兩首文彩同，但一首逆鱗耳

。人家庭檻間，動有數十同空，略如蚯蚓。
太子中允關杞曾提舉廣南西

路常平倉，行部邕管，一吏人為蟲所毒，舉身潰爛。有一醫言能治。呼使

視之，曰：「此為天蛇所螫，疾已深，不可為也。」乃以藥傅其創，有腫

起處，以鉗拔之。有物如蛇，凡取十餘條而疾不起。又余家祖塋在錢塘西

溪，嘗有一田家，忽病癩，通身潰爛，號呼欲絕。西溪寺僧識之，曰：「

此天蛇毒耳，非癩也。」取木皮煮，飲一斗許，令其恣飲。初識疾減半，

兩三日頓愈。驗其木，乃今之秦皮也。然不知天蛇何物。或云：「草間黃

花蜘蛛是也。人遭其螫，仍為露水所濡，乃成此疾。」露涉者亦當戒也。

天聖中，侍御史知雜事章頻使遼，死於虜中。虜中無棺櫬，舉至范陽方就

殮，自後遼人常造數漆棺，以銀飾之，每有使人入境，則載以隨行，至今

為例。
景祐中，黨項首領趙德明卒，其子元昊嗣立。朝廷遣郎官楊告入

蕃弔祭。告至其國中，元昊遷延遙立，屢促之，然後至前受詔。及拜起，

顧其左右曰：「先王大錯！有國如此，而乃臣屬於人。」既而饗告於廳，

其東屋後若千百人鍛聲。告陰知其有異志，還朝，秘不敢言。未幾，元昊

果叛。其徒遇乞，先創造蕃書，獨居一樓上，累年方成，至是獻之。元昊

乃改元，製衣冠、禮樂，下令國中，悉用蕃書、胡禮，自稱大夏。朝廷興

師問罪，彌歲，虜之戰士益少，而舊臣宿將如剛浪□遇、野利輩，多以事

誅，元昊力孤，復奉表稱蕃。朝廷因赦之，許其自新。元昊乃更稱兀卒曩

宵。慶歷中，契丹舉兵討元昊，元昊與之戰，屢勝，而契丹至者日益加眾

。元昊望之，大駭曰：「何如此之眾也？」乃使人行成，退數十里以避之

。契丹不許，引兵壓西師陣。元昊又為之退捨，如是者三。凡退百余裡，

每退必盡焚其草萊。契丹之馬無所食，因其退，乃許平。元昊遷延數日，

以老北師。契丹馬益病，亟發軍攻之，大敗契丹於金肅城，獲其偽乘輿、

器服、子婿、近臣數十人而還。先是，元昊後房生一子，曰甯令受。「甯

令」者，華言大王也。其後又納沒臧訛哤之妹，生諒祚而愛之。甯令受之

母恚忌，欲除沒臧氏，授戈於甯令受，使圖之。甯令受間入元昊之室，卒

與元昊遇，遂刺之，不殊而走。諸大佐沒臧訛哤輩僕甯令，梟之。明日，

元昊死，立諒祚，而舅訛哤相之。有梁氏者，其先中國人，為訛哤子婦。

諒祚私焉，日視事於國，夜則從諸沒臧氏。訛哤懟甚，謀伏甲梁氏之宮，

須其入以殺之。梁氏私以告諒祚，乃使召訛咙，執於內室。沒臧，強宗也

，子弟族人在外者八十余人；悉誅之，夷其宗。以梁氏為妻，又命其弟乞

埋為家相，許其世襲。諒祚凶忍，好為亂。治平中，遂舉兵犯慶州大順城

。諒祚乘駱馬，張黃屋，自出督戰。陴者縕弩射之中，乃解圍去。創甚，

馳入一佛祠。有牧牛兒不得出，懼伏佛座下，見其脫靴，血涴於踝，使人

裹創舁載而去。至其國，死。子秉常立，而梁氏自主國事。梁乞埋死，其

子移逋繼之，謂之沒甯令。「沒甯令」者，華言天大王也。秉常之世，執

國政者有嵬名浪遇，元昊之弟也，最老於軍事；以不附諸梁，遷下治而死

。存者三人，移逋以世襲居長契，次曰都羅馬尾，又次曰闕萌訛，略知書

，私侍梁氏。移逋、萌訛皆以暱倖進，唯馬尾粗有戰功，然皆庸才。秉常

荒孱，梁氏自主兵，不以屬其子。秉常不得志，素慕中國。有李青者，本

秦人，亡虜中。秉常暱之，因說秉常以河南歸朝廷。其謀洩，青為梁氏所

誅，而秉常廢。
古人論茶，唯言陽羨、顧渚、天柱、蒙頂之類，都未言

建溪。然唐人重串茶粘黑者，則已近乎「建餅」矣。建茶皆喬木；吳、蜀

、淮南唯叢蘢而已，品自居下。建茶勝處曰郝源、曾坑，其間又岔根、山

頂二品尤勝。李氏時號為北苑，置使領之。
信州鉛山縣有苦泉，流以為

澗。挹其水熬之，則成膽礬。烹膽礬則成銅；熬膽礬鐵釜，久之亦化為銅

。水能為銅，物之變化，固不可測。按《黃帝素問》有「天五行，地五行

，土之所在天為濕，土能生金石，濕亦能生金石，」此其驗也。又石穴中

水，所滴皆為鐘乳、殷孽。春秋分時，汲井泉則結石花；大□之下，則生

陰精石，皆濕之所化也。如木之氣在天為風，木能生火，風亦能生火。蓋

五行之性也。
古之節如今之虎符，其用則有圭璋龍虎之別，皆櫝，將之

英蕩是也。漢人所持節，乃古之旄也。余在漢東，得一玉琥，美玉而微紅

，酣酣如醉肌，溫潤明潔，或雲即玫瑰也。古人有以為幣者，《春官》「

以白琥禮西方」是也。有以為貨者，《左傳》「加以玉琥二」是也。有以

為瑞節者，「山國用虎節」是也。
國朝汴渠，發京畿輔郡三十餘縣夫，

歲一浚。祥符中，閤門祗侯使臣謝德權領治京畿溝洫，權借浚汴夫。自爾

後三歲一浚，始令京畿民官皆兼溝洫河道，以為常職。久之，治溝洫之工

漸弛，邑官徒帶空名，而汴渠有二十年不浚，歲歲堙澱。異時京師溝渠之

水皆入沐，舊尚書省都堂壁記雲，「疏治八渠，南入汴水」是也。自汴流

堙定，亦城東水門下至雍丘、襄邑，河底皆高出堤外平地一丈二尺餘。自

汴堤下瞰，民居如在深谷。熙寧中，議改疏洛水入汴。余嘗因出使，按行

汴渠，自京師上善門量至泗州淮口，凡八百四十里一百三十步。地勢，京

師之地比泗州凡高十九丈四尺八寸六分。於京城東數里白渠中穿井，至三

丈方見舊底。驗量地勢，用水平、望尺、幹尺量之，不能無小差。汴渠堤

外，皆是出土故溝，水令相通，時為一堰節其水；候水平，其上漸淺涸，

則又為一堰，相齒如階陛。乃量堰之上下水面，相高下之數會之，乃得地

勢高下之實。
唐風俗，人在遠或閨門間，則使人傳拜以為敬。本朝兩浙

仍有此俗。客至，欲致敬於閨閾，則立使人而拜之；使人入見所禮，乃再

拜致命。若有中外，則答拜；使人出，復拜客，客與之為禮如賓主。慶歷

中，王君貺使契丹。宴君貺於混融江，觀釣魚。臨歸，戎主置君酒謂貺曰

：「南北修好風歲久，恨不得親見南朝皇帝兄。托卿為傳一杯酒到南朝。

」乃自起酌酒，容甚恭，親授君貺舉杯；又自鼓琵琶，上南朝皇帝千萬歲

壽。先是，戎主之弟宗元為燕王，有全燕之眾，久畜異謀。戎主恐其陰附

朝廷，故特效恭順。宗元後卒以稱亂誅。
潘閬字逍遙。鹹平間有詩名。

與錢易、許洞為友，狂放不羈。嘗為詩曰：「散拽禪師來蹴踘，亂拖游女

上鞦韆。」此其自序之實也。後坐戶多遜黨亡命，捕跡甚急，閬乃變姓名

，僧服入中條山。許洞密贈之詩曰：「潘逍遙，平生才氣如天高。仰天大

笑無所懼，天公嗔爾口呶呶。罰教臨老投補衲，歸中條。我願中條山神鎮

長在，驅雷叱電依前趕出這老怪。」後會赦，以四門助教召之，閬乃自歸

，送信州安置。仍不懲艾，復為《掃市舞》詞曰：「出砒霜，價錢可。贏

得撥灰兼弄火。暢殺我。」以此為士人不齒，放棄終身。 江湖間唯畏大

風度。冬月風作有漸，船行可以為備；唯盛夏風起於顧盼間，往往罹難。

曾聞江國賈人有一術，可免此患。大凡夏月風景，須作於午後。欲行船者

，五鼓初起，視星月明潔，四際至地，皆無雲氣，便可行；至於巳時即止

。如此，無復與暴風遇矣。國子博士李元規云：「平生游江湖，未嘗遇風

，用此術。」
余使虜，至古契丹界，大薊茇如車蓋。中國無此大者。其

地名薊，恐其因此也，如楊州宜楊、荊州宜荊之類。荊或為楚，楚亦荊木

之別名也。
刁約使契丹，戲為四句詩曰：「押燕移離畢，看房賀跋支。

餞行三匹裂，密賜十貔狸。」皆紀實也。移離畢，官名，如中國執政官。

加跋支，如執衣防閤。匹裂，小木罌，以色綾木為之，如黃漆。貔狸，形

如鼠而大，穴居，食果谷，嗜肉，狄人為珍膳，味如□子而脆。世傳江

西人好訟，有一書名《鄧思賢》，皆訟牒法也。其始則教以侮文；侮文不

可得，則欺誣以取之；欺誣不可得，則求其罪劫之。蓋思賢，人名也，人

傳其術，遂以之名書。村校中往往以授生徒。
蔡君謨嘗書小吳箋云：「

李及知杭州，市《白集》一部，乃為終身之恨，此君殊清節，可為世戒。

張乖崖鎮蜀，當遨遊時，士女環左右，終三年未嘗回顧。此君殊重厚，可

以為薄夫之檢押。」此帖今在張乖崖之孫堯夫家。余以謂買書而為終身之

恨，近於過激。苟其性如此，亦可尚也。
陳文忠為樞密，一日，日欲沒

時，忽有中人宣召。既入右掖，已昏黑，遂引入禁中。屈曲行甚久，時見

有簾幃、燈燭，皆莫知何處。已而到一小殿，殿前有兩花檻，已有數人先

至，皆立廷中。殿上垂簾，蠟燭十餘炬而已。相繼而至者凡七人，中使乃

奏班齊。唯記文忠、丁謂、杜鎬三人，其四人忘之。杜鎬時尚為館職。良

久，乘輿自宮中出，燈燭亦不過數十而已。宴具甚盛。捲簾，令不拜，升

殿就坐。御座設於席東，設文忠之坐於席西，如常人賓主之位。堯叟等皆

惶恐不敢就位，上宣喻不已，堯叟懇陳「自古未有君臣齊列之禮」，至於

再三。上作色曰：「本為天下太平，朝廷無事，思與卿等共樂之。若如此

，何如就外朝開宴？今日只是宮中供辦，未嘗命有司，亦不召中書輔臣。

以卿等機密及文館職任侍臣無嫌，且欲促坐語笑，不須多辭。」堯叟等皆

趨下稱謝，上急止之曰：「此等禮數，且皆置之。」堯叟悚慄危坐，上語

笑極歡。灑五六行，膳具中各出兩絳囊，置群臣之前，皆大珠也。上曰：

「時和歲豐，中外康富，恨不得與卿等日夕相會。太平難遇，此物助卿等

燕集之費。」群臣欲起謝，上云：「且坐，更有。」如是灑三行，皆有所

賜，悉良金重寶。灑罷，已四鼓，時人謂之「天子請客」。文惠之子述古

得於文忠，頗能道其詳，此略記其一二耳。
關中無螃蟹。元豐中，余在

陝西，聞秦州人家收得一乾蟹。土人怖其形狀，以為怪物。每人家有病瘧

者，則借去掛門戶上，往往遂差。不但人不識，鬼亦不識也。 丞相陳秀

公治第於潤州，極為閎壯，池館綿亙數百步。宅成，公已疾甚，唯肩輿一

登西樓而已。人謂之「三不得」：居不得，修不得，賣不得。 福建劇賊

廖恩，聚徒千餘人，剽掠市邑，殺害將吏，江浙為之搔然。後經赦宥，乃

率其徒首降，朝廷補恩右班殿直，赴三班院候差遣。時坐恩黜免者數十人

。一時在銓班敘錄其腳色，皆理私罪或公罪，獨恩腳色稱：「出身以來，

並無公私過犯。」
曹翰圍江州三年，城將陷，太宗嘉其盡節於所事，遣

使喻翰：「城下日，拒命之人盡赦之。」使人至獨木渡，大風數日，不可

濟。及風定而濟，則翰已屠江州無遺類，適一日矣。唐吏部尚書張嘉福奉

使河北，逆韋之亂，有敕處斬，尋遣使人赦之。使人馬上昏睡，遲行一驛

，比至，已斬訖。與此相類，得非有命歟？
慶歷中，河北大水，仁宗憂

形於色。有走馬承受公事使臣到闕，即時召對，問：「河北水災何如？」

使臣對曰：「懷山襄陵。」又問：「百姓如何？」對曰：「如喪考妣。」

上默然。既退，即詔□門：「今後武臣上殿奏事，並須直說，不得過為文

飾。」至今□門有此條，遇有合奏事人，即預先告示。
予奉使按邊，始

為木圖，寫其山川道路。其初遍履山川，旋以面糊木屑寫其形勢於木屑上

。未幾寒凍，木悄不可為，又熔蠟為之。皆欲其輕，易繼故也。至官所，

則以木刻上之。上召輔臣同觀。乃詔邊州皆為木圖，藏於內府。 蜀中劇

賊李順，陷劍南、兩川，關右震動。朝廷以為憂。後王師破賊，梟李順，

收復兩川，書功行賞，子無間言。至景祐中，有人告李順尚在廣州，巡檢

使臣陳文璉捕得之，乃真李順也，年已七十餘。推驗明白，囚赴闕，覆按

皆實。朝廷以平蜀將士功賞已行，不欲暴其事。但斬順，賞文璉二官，仍

閤門祗候。文璉，泉州人，康定中老歸泉州，余尚識之。文璉家有《李順

案款》，本末甚詳。順本味江王小博之妻弟，始王小博反於蜀中，不能撫

其徒眾，乃推順為主。順初起，悉召鄉里富人大姓，令具其家所有財粟，

據其生齒足用之外，一切調發，大賑貧乏；錄用材能，存撫良善；號令嚴

明，所至一無所犯。時兩蜀大饑，旬日之間，歸之者數萬人，所向州縣，

開門延納，傳檄所至，無復完壘。及敗，人尚懷之。故順得脫去三十餘年

，乃始就戮。
交趾乃漢、唐交州故地。五代離亂，吳文昌始據安南，稍

侵交、廣之地。其後文昌為丁璉所殺，復有其地。國朝開寶六年，璉初歸

附，授靜海軍節度使；八年，封交趾郡王。景德元年，土人黎桓殺璉自立

；三年，桓死，安南大亂，久無酋長。其後國人共立閩人李公蘊為主。天

聖七年，公蘊死，子德政立。嘉祐六年，德政死，子日尊立。自公蘊據安

南，始為邊患，屢將兵入寇。至日尊，乃僭稱「法天應運崇仁至道慶成龍

祥英武睿文尊德聖神皇帝」，尊公蘊為「太祖神武皇帝」，國號大越。熙

寧元年，偽改元寶象；次年又改神武。日尊死，子乾德立，以宦人李尚吉

與其母黎氏號燕鸞太妃同主國事。熙寧八年，舉兵陷邕、欽、廉三州。九

年，遣宣徽使郭促通、天章閣待制趙公才討之，拔廣源州，擒酋領劉紀，

焚甲峒，破機郎、決裡，至富良江。尚吉遣王子洪真率眾來拒，大敗之，

斬洪真，眾殲於江上，乾德乃降。是時，乾德方十歲，事皆制於尚吉。廣

源州者，本邕州羈縻。天聖七年，首領儂存福歸附，補存福邕州衛職，轉

運使章頻罷遣之，不受其地，存福乃與其子智高東掠籠州，有之七源。存

福因其亂，殺其兄，率土人劉川，以七源州歸存福。慶歷八年，智高自領

廣源州，漸吞滅右江、田州一路蠻峒。皇祐元年，邕州人殿中丞昌協奏乞

招收智高，不報。廣源州孤立，無所歸。交趾覘其隙，襲取存福以歸。智

高據州不肯下，反欲圖交趾；不克，為交人所攻，智高出奔右江文村，具

金函表投邕州，乞歸朝廷；邕陳拱拒不納。明年，智高與其匹盧豹、黎貌

、黃仲卿、廖通等拔橫山寨入寇，陷邕州，入二廣。及智高敗走，盧豹等

收其余眾，歸劉紀，下廣河。至熙寧二年，豹等歸順。未幾，復叛從紀。

至大軍南征，郭帥遣別將燕達下廣源，乃始得紀，以廣源為順州。甲峒者

，交趾大聚落，主者甲承貴，娶李公蘊之女，改姓甲氏。承貴之子紹泰，

又娶德政之女。其子景隆，娶日尊之女。世為婚姻，最為邊患。自天聖五

年，承貴破太平寨，殺寨主李緒。嘉祐一年，紹泰又殺永平寨主李德用，

屢侵邊境。至熙寧大舉，乃討平之，收隸機郎縣。
太祖朝，常戒禁兵之

衣，長不得過膝；買魚肉及酒入營門者，皆有罪。又制更戍之法，欲其習

山川勞苦，遠妻孥懷土之戀。兼外戍之日多，在營之日少，人人少子，而

衣食易足。又京師衛兵請糧者，營在城東者，即令赴城西倉；在城西者，

令赴城東倉；仍不許傭僦車腳，皆須自負。嘗親登右掖門觀之。蓋使之勞

力，制其驕惰。故士卒衣食無外慕，安辛苦而易使。青堂羌本吐蕃別族

。唐末，蕃將尚恐熱作作亂，率眾歸中國，境內離散。國初，有胡僧立遵

者，乘亂挾其主籛逋之子唃廝囉，東據宗哥邈川城。唃廝囉人號瑕薩籛逋

者，胡言「贊普」也。唃廝，華言「佛」也；唃，華言「男」也。自稱佛

男，猶中國之稱天子也，立遵姓李氏，唃廝囉立，立遵與邈川首領溫音溫

反。逋相之，有漢隴西、南安、金城三郡之地，東西二千餘里。宗哥邈川

，即所謂「三河間」也。祥符九年，立遵與唃廝囉引眾十萬寇邊，入古渭

州，知秦州曹瑋攻敗之，立遵歸乃死。唃廝囉妻李氏，立遵之女也，生二

子，曰瞎氈、磨氈角。立遵死，唃廝囉更取喬氏，生子董氈，取契丹之女

為婦。李氏失寵，去為尼；二子亦去其父，瞎氈居河州，磨氈角居邈川。

唃廝囉往來居青堂城。趙元昊叛命，以兵遮廝囉，遂與中國絕。屯田員外

郎劉渙獻議通唃廝囉，乃使渙出古渭州，循末邦山，至河州國門寺，絕河

，逾廊州，至青堂，見唃廝囉，授以爵命，自此復通。磨氈角死，唃廝囉

復取邈川城，收磨氈角妻子，質於結羅城。唃廝囉死，子董氈立，朝廷復

授以爵命。瞎氈有子木征，木征者，華言「龍頭」也。以其唃廝囉嫡孫，

昆弟行最長，故謂之「龍頭」。羌人語倒，謂之「頭龍」。瞎氈死，青堂

首領瞎藥雞羅及胡僧鹿尊共立之，移居滔山。董氈之甥瞎征伏，羌蕃部李

鉞星子之也，與木征不協，其舅李篤氈挾瞎征居結古野反。河，瞎征數與

篤氈及沈千族首領常尹丹波合兵攻木征，木征去，居安鄉城。有巴斯溫者

，唃氏族子，先居結羅城，其後稍強。董氈河南之城遂三分：巴欺溫、木

征居洮河澗，瞎征居結河，董氈獨有河北之地。熙寧五年秋，王子醇引兵

，始出路骨山，撥香子城，平河州。又出馬蘭州，擒木征母弟結吳叱，破

洮州，木征之弟已氈角降。盡得河南熙、河、洮、岷、疊、宕六州之地，

自臨江寨至安鄉城，東西一千餘里，降蕃戶三十餘萬帳。明年，瞎木征降

，置熙河路。

範文正常言：史稱諸葛亮能用度外人。用人者莫不欲盡天

下之才，常患近己之好惡而不自知也；能用度外人，然後能周大事。 元

豐中，夏戎之母梁氏遣將引兵卒，至保安軍順寧寨，圍之數重。時寨兵至

少，人心危懼。有倡姥李氏，得梁氏陰事甚詳，乃掀衣登陴，抗聲罵之，

盡發其私。虜人皆掩耳，並力射之，莫能中。李氏言愈丑，虜人度李終不

可得，恐具得罪，遂托以他事，中夜解去。雞鳴狗盜皆有所用，信有之。

宋宣獻博學，喜藏異書，皆手自校讎。常謂「校書如掃塵，一面掃，一面

生。故有一書每三四校，猶有脫繆」。

【卷二十六　藥議】

古方言「雲母粗服，則著人肝肺不可去」。如枇杷、狗脊毛不可食，皆云

「射入肝肺」。世俗似此之論甚多，皆謬說也。又言「人有水喉、食喉、

氣喉」者，亦謬說也。世傳《歐希范真五髒圖》，亦畫三喉，蓋當時驗之

不審耳。水與食同咽，豈能就口中遂分入二喉？人但有咽、有喉二者而已

。咽則納飲食，喉則通氣。咽則嚥入胃脘，次入胃中，又次入廣腸，又次

入大小腸；喉則下通五髒，為出入息。五髒之含氣呼吸，正如治家之鼓□

。人之飲食藥餌，但自嚥入腸胃，何嘗能至五髒？凡人之肌骨、五髒、腸

胃雖各別，其入腸之物，英精之氣味，皆能洞達，但滓穢即入二腸。凡人

飲食及服藥既入腸，為真氣所蒸，英精之氣味，以至金石之精者，如細研

硫黃、硃砂、乳石之類，凡能飛走融結者，皆隨真氣洞達肌骨，猶如天地

之氣，貫穿金石土木，曾無留礙。自餘頑石草木，則但氣味洞達耳。及其

勢盡，則滓穢傳入大腸，潤濕滲入小腸，此皆敗物，不復能變化，惟當退

洩耳。凡所謂某物入肝，某物入腎之類，但氣味到彼耳，凡質豈能至彼哉

？此醫不可不知也。
余集《靈苑方》，論雞舌香以為丁香母，蓋出陳氏

《拾遺》。今細考之，尚未然。按《齊民要術》云：「雞舌香，世以其似

丁子，故一名丁子香。」即今丁香是也。《日華子》云：「雞舌香，治口

氣。」所以三省故事，郎官日含雞舌香，欲其奏事對答，其氣芬芳。此正

謂丁香治口氣，至今方書為然。又古方五香連翹湯用雞舌香，《千金》五

香連翹湯無雞舌香，卻有丁香，此最為明驗。《新補本草》又出丁香一條

，蓋不曾深考也。今世所用雞舌香，乳香中得之，大如山茱萸，剉開，中

如柿核，略無氣味。以治疾，殊極乘謬。
舊說有「藥用一君、二臣、三

佐、五使」之說。其意以謂藥雖眾，主病者專在一物，其他則節級相為用

，大略相統制，如此為宜，不必盡然也。所謂君者，主此一方者，固無定

物也。《藥性論》乃以眾藥之和厚者定以為君，其次為臣、為佐，有毒者

多為使，此謬說也。設若欲攻堅積，如巴豆輩，豈得不為君哉！金罌子

止遺洩，取其溫且澀也。世之用金罌者，待其紅熟時，取汁熬膏用之，大

誤也。紅則味甘，熬膏則全斷澀味，都失本性。今當取半黃時采，干，搗

末用之。
湯、散、丸，各有所宜。古方用湯最多，用丸、散者殊少。煮

散古方無用者，唯近世人為之。本體欲達五髒四肢得莫如湯，欲留膈胃中

者莫如散，久而後散者莫如丸。又無毒者宜湯，小毒者宜散，大毒者須用

丸。又欲速者用湯，稍緩者用散，甚緩者用丸。此其大概也。近世用湯者

全少，應湯者皆用煮散。大率湯劑氣勢完壯，力與丸、散倍蓰。煮散者一

啜不過三五錢極矣，比功較力，豈敵湯勢？然湯既力大，則不宜有失消息

。用之全在良工，難可定論拘也。
古法采草藥多用二月、八月，此殊未

當。但二月草已芽，八月苗未枯，采掇者易辯識耳，在藥則未為良時。大

率用根者，若有宿根，須取無莖葉時采，則津澤皆歸其根。欲驗之，但取

蘆菔、地黃輩觀，無苗時采，則實而沉；有苗時采，則虛而浮。其無宿根

者，即候苗成而未有花時采，則根生已足而又未衰。如今之紫草，未花時

采，則根色鮮澤；花過而采，則根色黯惡，此其效也。用葉者取葉初長足

時，用芽者自從本說，用花者取花初敷時，用實者成實時采。皆不可限以

時月。緣土氣有早晚，天時有愆伏。如平地三月花者，深山中則四月花。

白樂天《游大林寺》詩云：「人間四月芳菲盡，山寺桃花始盛開。」蓋常

理也，此地勢高下之不同也。始筀竹筍，有二月生者，有三四月生者，有

五月方生者，謂之晚筀；稻有七月熟者，有八九月熟者，有十月熟者，謂

之晚稻。一物同一畦之間，自有早晚，此物性之不同也。嶺、嶠微草，凌

冬不凋，並、汾喬木，望秋先隕；諸越則桃李冬實，朔漠則桃李夏榮，此

地氣之不同。一畝之稼，則糞溉者先牙；一丘之禾，是後種者晚實，此人

力之不同也。豈可一切拘以定月哉！
《本草注》：「橘皮味苦，柚皮味

甘」。此誤也。柚皮極苦，不可向口，皮甘者乃橙耳。按《月令》：「

冬至麋角解，夏至鹿角解」。陰陽相反如此。今人用麋、鹿茸作一種，殆

疏也。又的刺麋、鹿血以代茸，云「茸亦血耳」，此大誤也。竊詳古人之

意，凡含血之物，肉差易長，其次筋難長，最後骨難長。故人自胚胎至成

人，二十年骨髓方堅。唯麋角自生至堅，無兩月之久，大者乃重二十餘斤

，其堅如石。計一晝夜須生數兩。凡骨之頓成生長，神速無甚於此。雖草

木至易生者，亦無能及之。此骨血之至強者，所以能補骨血，堅陽道，強

精髓也。頭者諸陽之會，眾陽之聚，上鐘於角，豈可與凡血為比哉！麋茸

利補陽，鹿茸利補陰。凡用茸，無樂大嫩。世謂之「茄子茸」，但珍其難

得耳，其實少力。堅者又太老。唯長數寸，破之肌如朽木，茸端如瑪瑙、

紅玉者，最善。又北方戎狄中有麋、麂、麈。駝鹿極大而色蒼，尻黃而無

斑，亦鹿之類。角大而有文，瑩瑩如玉，其茸亦可用。枸杞，陝西極邊

生者，高丈餘，大可作柱，葉長數寸，無刺，根皮如厚樸，甘美異於他處

者。《千金翼》云：「甘州者為真，葉厚大者是。」大體出河西諸郡。其

次江池間圩埂上者。實圓如櫻桃，全少核。暴乾如餅，極膏潤有味。「

淡竹」對「苦竹」為文。除苦竹外，悉謂之淡竹，不應別有一品謂之淡竹

。後人不曉，於《本草》內別疏淡竹為一物。今南人食筍有苦筍、淡筍兩

色，淡筍即淡竹也。
東方、南方所用細辛，皆杜衡也，又謂之馬蹄香也

：黃白，拳局而脆，乾則作團，非細辛也。細辛出華山，極細而直，深紫

色，味極辛，爵之習習如椒，其辛更甚於椒。故《本草》云：「細辛，水

漬令直。」是以杜衡偽為之也。襄、漢間又有一種細辛，極細而直，色黃

白，乃是鬼督郵，亦非細辛也。
《本草注》引《爾雅》云：「蘦，大苦

。」註：「甘草也。蔓延生，葉似荷，莖青赤。」此乃黃藥也，其味極苦

，故謂之大苦，非甘草也。甘草枝葉悉如槐，高五六尺，但葉端微尖而糙

澀，似有白毛，實作角生，如相思角，四五角作一本生，熟則角坼。子如

小匾豆，極堅，齒嚙不破。
胡麻直是今油麻，更無他說，余已於《靈苑

方》論之。其角有六稜者，有八稜者。中國之麻，今謂之大麻是也。有實

為苴麻；無實為枲麻，又曰牡麻。張騫始自大宛得油麻之種，亦謂之麻，

故以「胡麻」別之，謂漢麻為「大麻」也。
赤箭，即今之天麻也。後人

既誤出天麻一條，遂指赤箭別為一物。既無此物，不得已又取天麻苗為之

，滋為不然。《本草》明稱「采根陰乾」，安得以苗為之？草藥上品，除

五芝之外，赤箭為第一。此神仙補理、養生上藥。世人惑於天麻之說，遂

止用之治風，良可惜哉。或以謂其莖如箭，既言赤箭，疑當用莖，此尤不

然。至如鳶尾、牛膝之類，皆謂莖葉有所似，用則用根耳，何足疑哉！

地菘即天名精也。世人既不識天名精，又妄認地菘為火蘞；《本草》又出

鶴虱一條，都成紛亂。今按，地菘即天名精，蓋其葉似菘，又似名精，名

精即蔓精也。故有二名。鶴虱即其實也。世間有單服火蘞法，乃是服地菘

耳，不當用火蘞。火蘞，《本草》名稀蘞，即是豬膏苗。後人不識，亦重

複出之。
南燭草木，記傳、《本草》所說多端，多少有識者。為其作青

精飯，色黑，乃誤用烏柏為之，全非也。此木類也，又似草類，故謂之南

燭草木，今人謂之南天燭者是也。南人多植於延檻之間，莖如蒴藋，有節

；高三四尺，廬山有盈丈者。葉微似楝而小。至秋則實赤如丹。南方至多

。
太陰玄精，生解州鹽澤大□中，溝渠土內得之。大者如杏葉，小者如

魚鱗，悉皆六角，端正如刻，正如龜甲。其裙襴小墮，其前則下剡，其後

則上剡，正如穿山甲相掩之處全是龜甲，更無異也。色綠而瑩徹；叩之則

直理而折，瑩明如鑒；折處亦六角，如柳葉。火燒過則悉解折，薄如柳葉

，片片相離，白如霜雪，平治可愛。此乃稟積陰之氣凝結，故皆六角。今

天下所用玄精，乃絳州山中所出絳石耳，非玄精也。楚州鹽城古鹽倉下土

中，又有一物，六稜，如馬牙硝，清瑩如水晶，潤澤可愛，彼方亦各太陰

玄精，然喜暴潤，如鹽鹻之類。唯解州所出者為正。
稷乃今之穄也。齊

、晉之人謂即、積皆曰「祭」，乃其土音，乃無他義也。《本草注》云：

「又名糜子。」糜子乃黍屬。《大雅》：「維秬維秠，維糜維芑。」秬、

秠、糜、芑皆黍屬，以色別，丹黍謂之糜，音門。今河西人用糜字而音糜

。
苦耽即《本草》酸漿也。《新集本草》又重出苦耽一條。河西番界中

，酸漿有盈丈者。
今之蘇合香，如堅木，赤色，又有蘇合油，如□膠，

今多用此為蘇合香。按劉夢得《傳信方》用蘇合香云：「皮薄，子如金色

，按之即少，放之即起，良久不定如蟲動。氣烈者佳也。」如此則全非今

所用者，更當精考之。
薰陸即乳香也。本名薰陸，以其滴下如乳頭者，

謂之乳頭香；熔塌在地上者，謂之塌香。如臘茶之有滴乳、白乳之品，豈

可各是一物？
山豆根味極苦，《本草》言味甘者，大誤也。
蒿之類至多

。如表蒿一類，自有兩種：有黃色者，有青色者。《本草》謂之青蒿，亦

恐有別也。陝西綏、銀之間有青蒿，在蒿叢之間，時有一兩株，迥然青色

，土人謂之香蒿，莖葉與常蒿悉同，但常蒿色綠，而此蒿色青翠，一如松

檜之色。至深秋，余蒿並黃，此蒿獨青，氣稍芬芳。恐古人所用，以此為

勝。
按，文蛤即吳人所食花蛤也，魁蛤即車螯也，海蛤今不識。其生時

但海岸泥沙中得之，大者如棋子，細者如油麻粒。黃、白或赤相雜，蓋非

一類。乃諸蛤之房，為海水礱礪光瑩，都非舊質。蛤之屬其類至多，房之

堅久瑩潔者，皆可用，不適指一物，故通謂之海蛤耳。今方家所用漏蘆

，乃飛廉也。飛廉一名漏蘆，苗似箬葉，根如牛蒡、綿頭者是也。采時用

根。今閩中所用漏蘆，莖如油麻，高六七寸，秋深枯黑如漆，采時用苗。

《本草》自有條，正謂之漏蘆。
《本草》所論赭魁，皆未詳審，今赭魁

南中極多，膚黑肌赤，似何首烏。切破，其中赤白理如檳榔。有汁赤如赭

，南人以染皮製靴，閩、嶺人謂之餘糧。《本草》禹余糧注中所引，乃此

物也。
古龍芮今有兩種：水中生者葉光而末圓；陸生者葉毛而末銳。入

藥用生水者。陸生亦謂之天灸，取少葉揉系臂上，一夜作大泡如火燒者是

也。
麻子，海東來者最勝，大如蓮實，出屯羅島。其次上郡、北地所出

，大如大豆，亦善。其余皆下材。用時去殼，其法取麻子帛包之，沸湯中

浸，候湯冷，乃取懸井中一夜，勿令著水。明日，日中暴干，就新瓦上輕

挼，其殼悉解。簸揚取肉，粒粒皆完。

www.ingramcontent.com/pod-product-compliance
Lightning Source LLC
Chambersburg PA
CBHW051637170526
45167CB00001B/230